Vom Lech

Zeitzeugen erzählen

Textbearbeitung der Interviews: Harald Jungbold
Begleittexte: Stephan Jüstl, Uta Steinhardt,
Reiner Erben, Sarah Plotzky
Fotografien: Detlef Fiebrandt

Herausgeber:
Lebensraum Lechtal e. V.

Lechrain Verlag, Finning

Dieses Buch ist entstanden im Rahmen des Hotspotprojektes "Alpenflusslandschaften – Vielfalt leben von Ammersee bis Zugspitze", als Teil des Bundesprogramms leben.natur.vielfalt.

Impressum

Herausgeber:
Lebensraum Lechtal e. V.
Dr.-Ziegenspeck-Weg 10, 86161 Augsburg
www.lebensraumlechtal.de
info@lebensraumlechtal.de

Eine Kooperation von:

Redaktion: Harald Jungbold (Text), Detlef Fiebrandt (Bild)
Grafische Unterstützung: www.westcoastmedia.de
Lektorat: Textbüro Sabine Bartsch
86899 Landsberg am Lech, www.textbuero-bartsch.de
Satz und Produktion: Detlef Fiebrandt, www.fiebrandt.info
Druck: Uhl Media, 87730 Bad Grönenbach
Stand: Januar 2019
2. Auflage: 1.001 - 3.000

Gedruckt auf Recyclingpapier aus 100 % Altpapier

www.eco-print.info

www.lechrain.com, verlag@lechrain.com
ISBN 978-3-942985-26-0

Bibliografische Information der Deutschen Nationalbibliothek:
Die Deutsche Nationalbibliothek verzeichnet diese Publikation in der Deutschen Nationalbibliografie; detaillierte bibliografische Daten sind im Internet über http://dnb.dnb.de abrufbar.

Buchumschlag: Interviewszene in Ziegelwies mit Notburga Wolf und Harald Jungbold
Bild rechts: Gedenkstein am Lechufer in Niederwies/Peiting

Gefördert durch das Bundesamt für Naturschutz mit Mitteln des Bundesministeriums für Umwelt, Naturschutz und nukleare Sicherheit sowie des Bayerischen Naturschutzfonds.

Otto Kraus
1905 - 1984
Der erste amtliche Naturschützer
Bayerns
Die Vergangenheit hat ihn angefeindet -
die Gegenwart gibt ihm recht -
die Zukunft wird ihn ehren !

Inhalt

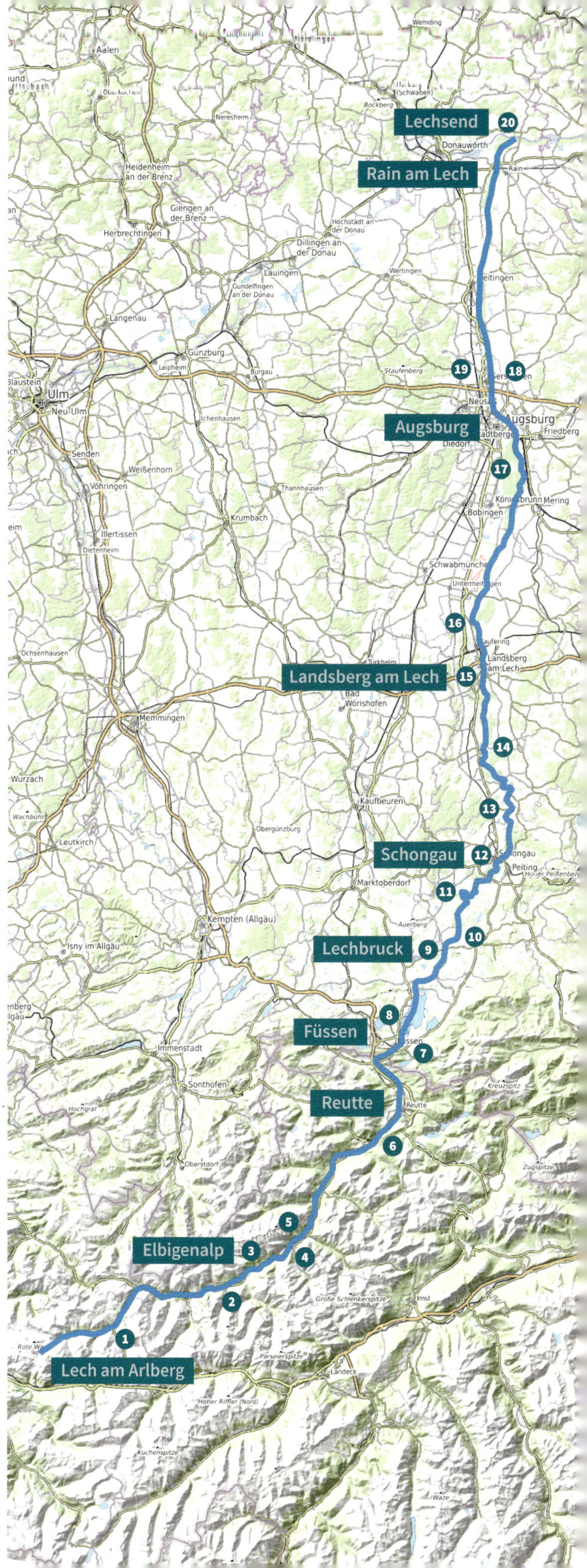
Lechsend
Rain am Lech
Augsburg
Landsberg am Lech
Schongau
Lechbruck
Füssen
Reutte
Elbigenalp
Lech am Arlberg
Ulm
Memmingen
Kaufbeuren
Kempten (Allgäu)
Donauwörth

Vorwort

von Uta Steinhardt
Hochschule für nachhaltige Entwicklung Eberswalde

Wer viel fragt … kriegt viele Antworten, so sagt der Volksmund. 12 Studierende des Studiengangs Landschaftsnutzung und Naturschutz der Hochschule für nachhaltige Entwicklung (HNE) Eberswalde haben – unterstützt durch den Lebensraum Lechtal e. V. – gefragt und tatsächlich zahlreiche Antworten bekommen.

Bereits seit 2013 setzen sich Studierende dieses Studiengangs mit den Spezifika der Landschaften am Lech auseinander – bisher vorwiegend mit ökologischem und naturschutzfachlichem Schwerpunkt. Landschaft ist aber ohne die darin agierenden Menschen nicht zu verstehen. Deshalb ergänzen wir unseren Zugang zu dieser Landschaft um eine sozial- und kulturwissenschaftliche Perspektive und nutzen dafür die Methode der Landschaftskommunikation. Die damit verbundene Analyse und Gestaltung kulturlandschaftlicher Debatten zielt darauf ab, deren Qualität durch Wissen, Reflexion und Präsentation zu erhöhen.

Im Februar 2018 waren wir eine Woche lang unterwegs zwischen Lechquelle und -mündung, um Menschen zu treffen, die uns ihre persönlichen Geschichten zum Lech und zur Geschichte seiner Landschaften erzählt haben. Landschaften, die in den letzten 100 Jahren einen intensiven Nutzungswandel erlebten und deren Aussehen sich teilweise drastisch verändert hat.

Es war spannend und höchst interessant, diese für uns zumeist völlig unbekannte, ebenso facetten- wie kontrastreiche Landschaft entlang der mehr als 250 Kilometer langen Fließstrecke kennenzulernen. Aber noch spannender war es, den Menschen am Lech zu begegnen, die den Nutzungs- und den damit einhergehenden Landschaftswandel erlebt, teilweise auch aktiv mitgestaltet haben oder dies bis heute tun. Diesen Menschen begegnet zu sein, die uns einen teilweise sehr persönlichen Einblick in ihr Leben gewährt haben, erfüllt uns im Nachhinein mit großer Dankbarkeit. Nicht wenige der Gesprächspartner waren der Meinung, sie hätten eigentlich nichts zu erzählen, hätten ein ganz normales Leben geführt. Dieser Bescheidenheit stand dann oft eine Lebensgeschichte gegenüber, die spannender nicht hätte sein können. Daraus erwuchs der Anspruch, den Menschen und ihren Geschichten in den Porträts auch gerecht zu werden. Am Ende einer überaus intensiven Arbeitswoche, in der die Textbeiträge dann in ihren Grundzügen entstanden sind, waren wir aber durchaus stolz auf das Erreichte.

Mögen die Porträts dazu beitragen, den unterschiedlichen, zum Teil kontroversen Positionen der Gesprächspartner Geltung zu verschaffen. Jede der eingenommenen Perspektiven hat ihre Berechtigung. Erst die entstehende Perspektivenvielfalt ermöglicht es, ein nahezu realistisches Bild von dieser Landschaft und ihren Bewohnern zu zeichnen und ein Verständnis dafür zu entwickeln, warum sich die Landschaften am Lech genau so verändert haben. Und möge diese Perspektivenvielfalt dann die Menschen generationenübergreifend über ihre Erwartungen und Ansprüche an den Raum, in dem sie leben und arbeiten und den sie und andere für ihre Erholung nutzen, miteinander ins Gespräch bringen. Bei der Aushandlung von Zielen für die zukünftige Gestaltung des Raums können die Erfahrungen der Zeitzeugen eine wertvolle Basis sein. Und auch für die Zukunft gilt: Kontroverse Auseinandersetzungen sind kein Nachteil, sondern unverzichtbarer Bestandteil eines kollektiven Lernprozesses und damit die Grundlage für eine selbstorganisierte Gestaltung der Landschaft als Raum für gelingendes Leben.

Bild: Ortstermin am Hurlacher Lechufer;
die Interviewerinnen Lisa Maier und Lisa Herzog mit Dr. Hartmut von Schnurbein

Vorwort

von Reiner Erben
1. Vorsitzender des Lebensraum Lechtal e. V.

Ich bin zwischen Lech und Wertach groß geworden. Die Lechlandschaft war Ort meiner Kindheit – so wie bei anderen Zeitzeugen auch. Der Lech und sein größter Zufluss, die Wertach, begleiten mich also schon mein ganzes Leben. Nur eine Generation liegt zwischen mir und den Hauptakteuren dieses Buches. Die Lechlandschaften, die wir erkundet haben, unterscheiden sich jedoch gänzlich.

Was geschah in den paar Jahren, die zwischen uns liegen? Wir Menschen haben die Natur nach unseren Vorstellungen angepasst. Breite Flussstrecken wurden verengt und eingedeicht. Das Deichhinterland sollte landwirtschaftlich genutzt werden können. Die energiehungrige Nachkriegsgesellschaft verlangte nach Strom. Gesellschaft und Wirtschaft waren „am Brummen". So errichtete man Staustufen mit Wasserkraftwerken. Das Kraftwerk Forggensee schützte ab 1954 die wichtigen Städte Landsberg am Lech und Augsburg vor fast allen Hochwassern.

Die Konsequenzen waren fatal für die Landschaft am Lech. Lebensräume verschwanden und mit ihnen die heimischen Tiere und Pflanzen. Vor allem hochspezialisierte Arten, die genau auf die dynamischen Vorgänge in einem Wildflusssystem angepasst sind, gingen schlagartig verloren. Eines dieser traurigen Beispiele ist die Deutsche Tamariske (*Myricaria germanica*). Jedes Hochwasser, jede Jahreszeit verändert das Gesicht des Lechs. Kiesbänke werden abgetragen, um woanders neu angespült zu werden. Neue Kiesbänke zwischen Elbigenalp und der Lechmündung in die Donau wurden schnell von der Deutschen Tamariske besiedelt. Sie ist heute in Deutschland auf der Roten Liste in der Kategorie 1 „vom Aussterben bedroht" aufgeführt und damit nur eine unter vielen Arten, die durch immense Landschaftsveränderungen ihren Lebensraum verloren haben.

Doch zurück zu meiner Kindheit: Ich habe kein „landschaftsgestaltendes" Lech-Hochwasser mehr miterlebt. Ich habe aber auch erst vor ein paar Jahren von der Deutschen Tamariske gehört. Und auch nur, weil ich zum ehrenamtlichen Vorsitzenden des Lebensraum Lechtal e. V. gewählt wurde, habe ich diese Pflanze – die es noch einige Jahre vor meiner Geburt 1958 „in Massen" gab – vor 2 Jahren das erste Mal zu Gesicht bekommen. Viele Arten und Pflanzen gibt es noch. Der Lech kann, einer Brücke gleich, die vielen Lebensräume und Biotope miteinander verbinden. Er kann auch unsere Generationen verbinden, ist er doch ein gemeinsamer Nenner unserer Heimat.

Ich wohne und arbeite in Augsburg. Hier wurde die Wertach renaturiert. Ihre biologische Vielfalt nimmt wieder zu. Sie ist Erholungsort für Mensch und Tier. Auch der Lech vom Formarinsee bis Füssen wird renaturiert. Zum Ausleben seines wilden Charakters wird ihm wieder Platz eingeräumt. Dies wünsche ich mir auch für unseren bayerischen Lech. Hierfür brauchen wir die Arbeit von Akteuren wie dem Lebensraum Lechtal e. V. und weiteren NetzwerkpartnerInnen. Sie haben den Lech wieder in die Köpfe der Bewohner und Gemeindeverantwortlichen gebracht.

Herausheben möchte ich hierbei die Arbeit von einem unserer Zeitzeugen, Herrn Dr. Eberhard Pfeuffer, der mit seinen Buchveröffentlichungen und Vorträgen die Verbindung zwischen den Menschen und ihrem Heimatfluss entscheidend gefördert hat.

Dank der Fördergelder von BfN, BMU und des Bayerischen Naturschutzfonds sind wir vom Lebensraum Lechtal e. V. nun bereits seit 2014 in dem Hotspot-

projekt „Alpenflusslandschaften – Vielfalt leben von Ammersee bis Zugspitze“ mit dabei. Gemeinsam mit 17 weiteren Kooperationspartnerinnen und -partnern wirken wir der Landschafts- und Artenverarmung entgegen. Die Kooperation mit Hochschulen ist dabei ein wichtiges Standbein geworden. Und mit der Hochschule für nachhaltige Entwicklung (HNE) Eberswalde – explizit mit Prof. Dr. Uta Steinhardt – haben wir für das vorliegende Buchprojekt auch eine höchst engagierte Partnerin gefunden, die ebenfalls bereit ist, mit der Methodik der Landschaftskommunikation neue Wege in der Naturschutz- und Umweltbildungsarbeit zu gehen.

Das vorliegende Buch nimmt uns mit auf viele Zeitreisen und in sehr persönliche Geschichten hinein, die nach und nach ineinandergreifen und so zu einer Geschichte des Landschaftswandels am Lech verschmelzen.

Ich wünsche den Leserinnen und Lesern viel Freude bei der Lektüre und bedanke mich bei unseren Zeitzeuginnen und Zeitzeugen für ihre Bereitschaft, ihr Leben mit uns zu teilen!

Bild: die Mündung der Wertach (rechts) in den Lech

Der Lech – ein Fluss in Zeit und Raum

von Stephan Jüstl, Lechtal-Gebietsbetreuer des Lebensraum Lechtal e. V.

Lech – nur vier Buchstaben, ein rauer Klang. Etymologisch wohl von „schnell fließend" oder „steinig" abstammend – beides passend für das Gepräge einer dealpinen Wildflusslandschaft. Ende des 20. Jahrhunderts noch ein „vergessener Fluss", wie sich Dr. Eberhard Pfeuffer erinnert, ist aus dem einsilbigen Wörtchen heute eine Metapher, ein Symbol geworden. Ein Synonym, das für eine wachsende Anzahl von Menschen für den Naturverlust steht, für verloren gegangene Ursprünglichkeit und den Wunsch nach mehr Naturnähe in ihrer Heimatlandschaft.

Die Wahrnehmung dieses Landschaftsausschnittes unterliegt in Zeit und Raum ebenso großen Änderungen wie die tatsächliche, physische Flusslandschaft. Naturlandschaft wurde von Menschen verwandelt, was sich wiederum in menschlicher Wahrnehmung, Erinnerung und Beurteilung spiegelt. Weil die Perspektive des Betrachters nur subjektiv sein kann, sind die Blickwinkel auf den Lech, also der jeweilige Zugang zu diesem Naturphänomen, so vielfältig wie die einst an seinen Ufern vorhandene biologische Vielfalt.

Im vorliegenden Buch kann man anhand der gesammelten Zeitzeugen-Darstellungen nicht nur naturwissenschaftlich interessiert dem Landschaftswandel am Lech nachspüren, dem Wann, Wo und Wie der Transformation einer wilden Auenlandschaft in eine in mehrerlei Hinsicht verarmte Stauseenkette. Die Kompilation gibt vielmehr auch einen guten Eindruck, in welcher Wechselwirkung Fluss und Mensch stehen. Der Lech gräbt sich nicht nur in die Landschaft, sondern auch in die Köpfe und Herzen ein.

Um die wiedergegebenen Geschichten besser einordnen und interpretieren zu können, sei im Folgenden denjenigen Leserinnen und Lesern ein Überblick über den Lech im Kontext von Zeit und Raum an die Hand gegeben, die bisher noch keinen oder nur wenig Kontakt mit diesem Thema hatten. Eingefleischte Lech-Fans dürfte kaum Unbekanntes erwarten, ihnen bietet sich jedoch die Gelegenheit, sich auf das Sujet nochmals einzustimmen.

Strikt naturwissenschaftlich betrachtet folgt die Entstehung eines Flusses und seine Wechselwirkung mit der Landschaft ewigen Naturgesetzen: Solare Strahlung lässt

Wasser verdunsten, Schwerkraft lässt es abregnen und zu Tal fließen. Am spektakulärsten stellt sich das so entwickelnde Wechselspiel von Wasser und Stein am Oberlauf des Lechs im Gebirge in Österreich dar: Mächtige Wolken verfangen sich zwischen den schroffen, hochalpinen Gipfeln der Vorarlberger Alpen. Nebel, Regen und Schnee legen sich auf die felsige Landschaft, um sich im türkis schimmernden Formarinsee zu sammeln. Unweit dieses Bergsees entspringen mehrere Quellen, deren Wasser rasch einen klaren, über Felsbrocken schäumenden Bergbach bilden. Nach nur wenigen Kilometern stößt noch der Spuller- zum Formarinbach hinzu – der Lech ist geboren.

Seine Herkunft aus dem Hochgebirge wird er tatsächlich bis zur 256 Kilometer entfernten Mündung in die Donau nicht verleugnen können. Für Botaniker am augenscheinlichsten ist die Vielzahl alpiner Wildblumen und anderer Pflanzen, die an seinen Ufern als sogenannte „Alpenschwemmlinge“ bis ins Flachland vorstoßen: Schlauch-Enzian und Deutsche Tamariske etwa folgten dem Lech einst bis zur Donau. Sogar das Edelweiß, das Stereotyp einer Alpenpflanze, begleitete den Lech zumindest bis in seinen mittleren Abschnitt bei Schongau.

Doch zurück an den alpinen Ursprung des Lechs: Nicht nur das Wasser bahnt sich der Schwerkraft folgend einen Weg ins Tal. Von Anfang an bewegen sich im und mit dem Wasser auch Steine. Zumeist durch Frostsprengung vom Fels gelöst liegen grobe Brocken und Gesteinsschutt im Bett des jungen Lechs. Seine Wasserkraft bewegt die Gesteinsbrocken und stößt sie grob aneinander – durch das

Bild links: Frühjahrserwachen am Formarinsee
oben: wilder Bergbach in den Lechtaler Alpen

Abstoßen der Ecken werden sie immer weiter gerundet und schließlich zu Kieseln geschliffen. Da der Lech auf seinem Weg durch die Alpen eine bunte geologische Vielfalt unterschiedlicher Bergstöcke passiert und jeweils steinige Ladung aufnimmt, bilden die Kiesbänke des Lechs die ganze steinerne Bandbreite der Nordalpen ab: Dolomit, Jura- und Wettersteinkalk, Sandstein, Gips – die im Laufe von Millionen Jahren aufeinander getürmten, wieder abgeschliffenen, erneut zu Stein verbackenen und ineinander geschobenen Gesteine werden vom Lech durchschnitten, gelöst und mitgerissen, um schließlich auf den Kiesbänken en miniature nebeneinander liegen zu bleiben.[1]

Eine gute Vorstellung von der erosiven Kraft des Lechs gewinnt man an der Lechschlucht zwischen Warth und Steeg: In schwindelerregende Tiefe hat der junge Alpenfluss sich hier eingegraben. Weiß schäumende Kaskaden und unablässiges Getöse unterstreichen, mit welcher Energie das Wasser hier gegen den Fels vorgeht – und, dass es langfristig den Wettstreit gewinnen wird. So wie der sprichwörtliche Tropfen den Stein höhlt, so frisst sich der Wildfluss unermüdlich durchs Gestein.

Nach der Lechschlucht weitet sich das Tal. Der Fluss hat Vorarlberg verlassen und durchfließt nun das Bundesland Tirol. Hier, im Außerfern, hat der Lech einerseits bereits talprägenden Charakter und ist mit Fug und Recht als Fluss zu bezeichnen. Andererseits blieben in der Historie im armen Außerfern größere wasserbauliche Eingriffe aus, der Wildflusscharakter wurde bis heute weitgehend gewahrt. Am Tiroler Lech lässt sich daher noch am besten der ursprüngliche Lech erfahren.

Im Rhythmus der Jahreszeiten lösen sich Phasen geringer Abflüsse im Winter mit jenen starker Hochwasser im Frühsommer ab. Während im Winter die Niederschläge in Form von Eis und Schnee zunächst noch am Berg verbleiben, ändert sich das mit dem Frühling: Mit steigenden Temperaturen setzt die Schneeschmelze ein, vom Tal zu den Gipfeln fortschreitend. Immer größere Abschnitte des Lecheinzugsgebiets geben die im Winter aufgenommenen Niederschläge frei. Es tropft, sickert und rinnt, bis das Wasser den Weg in einen der Bäche findet, die lustig gurgelnd dem Lech zufließen. Hier rauscht und schäumt das Hochwasser im Frühsommer dann mit aller Macht.

Mit dem alljährlichen Mehr an Wasser nimmt auch die Schleppkraft des Lechs enorm zu. Wo zuvor nur einzelne Kiesel kullerten, gerät nun die ganze Flusssohle in Bewegung. Gewaltige Mengen an Kies und grobem Schotter werden mobilisiert. Der Lech ist insofern nur vordergründig ein Fluss aus Wasser – unter der Wasseroberfläche verborgen ist er zugleich ein kraftvolles Transportband für Gesteinsmaterial.

Am Tiroler Lech prägen deswegen ausgedehnte Kiesbänke die Wildflussstrecke. Bei Niedrigwasser scheinen die sich unregelmäßig verzweigenden und wieder vereinigenden, seichten Flussarme fast verloren, zeigen sich nur als schmale türkisblaue Bänder inmitten des ausgedehnten grauweißen Gerölls. Diese Kiesbänke waren maßgeblich für den Charakter des Lechtals bis zur Mündung in die Donau, nicht nur unter dem Aspekt des Landschaftsbildes, sondern vor allem auch unter ökologischen Gesichtspunkten: Die Ufergebüsche aus Weiden, Erlen und Tamarisken, die schütteren Kiefernwälder mit Wacholder und Schneeheide, die Trockenrasen mit kargem Pflanzenwachstum, aber bunter Blütenpracht und vielfältigem Insektenleben, die unter Botanikern und Naturfreunden berühmten Lechheiden – alle diese Biotope wurzeln auf einst vom Lech angespültem Geschiebe.

Wenn sich das Hochwasser zurückzieht, das eine neue Kiesbank angeschwemmt hat, wirkt das Bild auf den Betrachter zunächst verstörend: Nass glänzendes Geröll, zerstoßene Baumstämme und schmutzig wirkende Schlieren von Sand künden noch von der zerstörerischen Macht des Wassers.

Doch aus Sicht der Natur handelt es sich nicht um Tod, sondern um Wiederauferstehung: Eine ganze Gilde an Lebewesen wartet nur darauf, diesen unwirtlichen Lebensraum zu besiedeln. Pflanzen, wie Gipskraut, Zwerg-Glockenblume und Knorpelsalat keimen aus angespülten Samen. Auch Gehölze wie Lavendelweide und Kiefer samen sich rasch an. An sandigen Stellen wächst der Zwerg-Rohrkolben.

Unerwartet für den menschlichen Betrachter ist auch die Vielfalt an tierischem Leben, die sich zwischen all den Kie-

Bilder von links nach rechts: Schneeschmelze im Fundaistal, Lechkies bei Forchach, Zwerg-Glockenblume bei Weißenbach

seln tummelt: Sandlaufkäfer, Flussufer-Wolfsspinne und die Gefleckte Schnarrschrecke gehören zu den Pionieren der Kiesbank-Besiedelung. Vom Insektenreichtum profitiert wiederum die Vogelwelt. Der Flussregenpfeifer reist jährlich extra aus Afrika an den Lech, um hier zu brüten und seine Jungen großzuziehen. Auch Flussuferläufer, Flussseeschwalbe und Triel gehören zu den Kiesbankbrütern.

In den Lechauen findet sich auch deshalb eine so artenreiche Lebensgemeinschaft, weil die standörtlichen Voraussetzungen für pflanzliches und tierisches Leben kleinflächig so heterogen sind: Hat der Lech an einer Stelle groben Kies hoch aufgetürmt, so können hier nur ausgewiesene Überlebensexperten der Herausforderung begegnen, die die geringe Wasserverfügbarkeit mit sich bringt. Wasser und darin gelöste Nährstoffe sind Mangelware. Die sich hier ansiedelnden Pflanzen, wie die Erd-Segge, bilden eine erstaunliche Wurzeltiefe aus, die einem Vielfachen der überirdischen Wuchshöhe entspricht. So erreichen sie tiefer liegende, feuchte Bodenschichten. Auch der Schutz vor unnötiger Verdunstung von Wasser durch dicke Wachshaut und kompaktes Wachstum findet sich bei vielen Pflanzen dieser Trockenaue.

Nur wenige Meter entfernt jedoch hat das Hochwasser einen Gumpen ausgespült, Sand und Lehm haben sich in der Senke verfangen. Etwas Regenwasser speist ein kleines, flaches Gewässer, eigentlich eine Pfütze nur. Stark von der Sonne erwärmt und nahezu vegetationsfrei bildet es ein ideales Laichgewässer für Kreuzkröte und Gelbbauchunke. Beispiele für das eng verzahnte Nebeneinander von Arten mit völlig verschiedenen ökologischen Ansprüchen finden sich entlang des Lechs in großer Zahl: Licht und Schatten, heiß/trocken und kühl/feucht, steinig und feinerdig, Senke und Erhebung – aus dem wilden Chaos, das nach einem Hochwasser zurückbleibt, entwickelt sich eine Vielzahl von Nischen, die einer mannigfaltigen Gemeinschaft von Lebewesen eine Heimstatt bieten.

Und auch der Fluss selbst ist natürlich Lebensraum: Das Wasser ist zwar kalt, die rasche Strömung ebenso lebensfeindlich wie die geringe Verfügbarkeit an Nährstoffen. Aber dennoch – oder gerade deswegen – lebt hier eine Vielfalt von gut angepassten Fischarten, etwa Äsche, Barbe und Huchen. Ihnen eröffnet sich eine uns weitestgehend fremde und unzugängliche Welt unter der Wasseroberfläche: Sauerstoffreiche Strömungswirbel und sanftwarme Flachwasser, von Kies und Sand abwechslungsreich dekorierter Gewässergrund und im Wasser liegendes Totholz formen einen Mikrokosmos, der an gut angepassten Bewohnern ebenso reich ist wie an verschiedenartigen Strukturmerkmalen.

Blickt man nur anderthalb Jahrhunderte zurück, so müssen sich am Tiroler und Füssener Lech Bilder geboten haben, wie wir sie heute nur noch von nordamerikanischen Flüssen kennen: Armlange Fische springen durch das schäumende Wasser, vom kiesigen Ufer aus stellen ihnen Braunbären nach, während Adler versuchen, an die Beutereste zu gelangen.

Der Lech verlässt schließlich Tirol und genießt am Füssener Lech direkt an der Staatsgrenze noch einmal seine wilde Freiheit. Wenn er sich daraufhin wild schäumend über den Katarakt des Lechfalls und durch die anschließende Schlucht stürzt, beginnt mit seinem bayerischen Dasein sogleich das Schicksal eines zur Fronarbeit Zwangsverpflichteten: Wenn auch die meisten Touristen, die von einem schmalen Steg aus den Lechfall bestaunen, ihn für eine natürliche Erscheinung halten, so handelt es sich doch letztlich um das erste Stauwehr am Lech, um Wasser in einen Stollen abzuzweigen. Durch eine Turbine geleitet wird die Wasserkraft des Lechs für menschliche Zwecke dienstverpflichtet. Damit geht es weiter Schlag auf Schlag: Vor den Toren der Stadt Füssen liegt ein Laufwasserkraftwerk, das den Lech auf ganzer Breite einnimmt. Kaum hat sich das Lechwasser durch die Turbinen gepresst, kommt das bisher ungebremste Strömen des Lechs fast vollständig zum Erliegen: Im Forggenseespeicher wird der Lech künstlich aufgestaut. Neben dem Hochwasserschutz dient dies vor allem der kontinuierlichen Stromerzeugung. Das von Natur aus unbeständige jahreszeitliche Auf und Ab des Lechwasserstandes kann der Mensch nun vom Schaltpult aus regeln. Wohl dosiert fließt das Wasser nicht nur seit 1954 durch das Kraftwerk Roßhaupten, mit 40 Metern Fallhöhe das größte Kraftwerk am Lech, sondern auch durch die 30 folgenden Kraftwerke, die flussabwärts im Abstand von oft nur wenigen Kilometern folgen.

Der bayerische Lech wurde innerhalb von weniger als 100 Jahren von einem Wildfluss in eine Stauseenkette verwandelt. Seit dem Mittelalter hatte man sich bemüht, dem ungestümen Lech etwas entgegenzusetzen: Hier ein Wehr, um einen Mühlkanal zu betreiben, dort ein Uferverbau, um Erosion zu mindern. Die Archive künden davon, wie hinfällig solche Versuche waren. Dem wilden Toben der

Bild links oben: Flussregenpfeifer (Weißenbach); links unten: Flussuferläufer (Forchach)
oben: das bis 400 m breite Lech-Flussbett bei Forchach

Lechhochwasser war kaum zu trotzen, Bauwerke wie das Karolinenwehr in Landsberg oder der Hochablass in Augsburg mussten regelmäßig wiederaufgebaut werden. Im Mittelalter und in der frühen Neuzeit half langfristig nur eines: respektvoll Abstand zum Fluss zu halten und sich mit einer zurückhaltenden Nutzung der Auen zu bescheiden.

Im größeren Maßstab erfolgreich war erst die ingenieurtechnische „Korrektionierung" des unteren Lechs im 19. Jahrhundert. Längs zum Hauptgerinne wurden niedrige Dämme errichtet. Solchermaßen gelenkt begab der Fluss sich quasi freiwillig in Haft: Durch das Festlegen auf eine gerade, schnell fließende Strecke fraß der Lech sich schnell in die Tiefe. Das im Naturzustand fein ausgewogene Wechselspiel von Wasser und Gestein wurde aus der Balance gebracht. Um mehrere Meter tiefte sich der Lech ein – um Größenordnungen schneller, als es in der Lechschlucht der Fall ist!

Durch die Eintiefung senkte sich auch der vom Lech gespeiste Grundwasserkörper in der Aue stark ab. Freute man sich zunächst, dem Hochwasserwirken nutzbares Land abgerungen zu haben, musste man schnell feststellen, dass die Böden trockenfielen.

Um Energie für die einsetzende Industrialisierung zu gewinnen, begann Ende des 19. Jahrhunderts der Bau großer Wasserkraftwerke am Lech. Die ersten bei Gersthofen, Langweid und Ellgau halten noch Abstand zum eigentlichen Lech und wurden am eigens angelegten Lechkanal platziert. Ähnliches gilt für das 1907 errichtete Kanalkraftwerk bei Kinsau.

Diese frühen Eingriffe ließen den mittleren Lech, also den Abschnitt außerhalb der Alpen bis zur Endmoräne der letzten Eiszeit bei Hohenfurch, weitestgehend unverändert und in natürlichem Zustand zurück. Das untere Lechtal, vor allem der Abschnitt unterhalb von Augsburg,

Bild: Staustufe Urspring bei Lechbruck

wurde jedoch maßgeblich umgeformt: Wo nur wenige Jahrzehnte zuvor der zusätzlich von der Wertach als wasserreichstem Zufluss gestärkte Lech den breiten Talraum – aufgefächert in mehrere Haupt- und Nebenarme – beanspruchte, wurde er nun auf ein schmales Flussband festgelegt. Das unüberschaubare Wirrwarr von Haupt-, Neben- und Altarmen des Flusses, von grundwassergespeisten Bächen, Kies- und Sandbänken, von Auwald bestandenen Inseln und weiten Auen mit bunter Fleckung aus Feuchtwiesen und Trockenrasen, Heide und Gebüsch zerfiel in den Dreiklang regulierter Fluss, Wald und landwirtschaftliche Nutzfläche. Die parkartigen, von Weidenutzung geprägten Allmenden der Dörfer, in denen sich Schlingnatter und Knabenkraut sonnten, die ausgedehnten Niedermoore mit zahllosen Kopfweiden, die Birkhuhn und Wiedehopf gleichermaßen Brutplätze boten, die auf den Kies- und Sandbänken brütenden und in den insektenreichen Heiden jagenden Lachseeschwalben und Triele – dieses eng verzahnte Nebeneinander von ursprünglicher Wildflusslandschaft und extensiv genutzter Kulturlandschaft wich in kürzester Zeit einem viel homogeneren, ökologisch stark verarmten Landschaftsbild.

In den 1940er-Jahren setzte dann die Industrialisierung des Lechs ohne jede Zurückhaltung ein: Neue technische Möglichkeiten erlaubten es nun, Kraftwerke direkt in den Fluss zu bauen. Zwischen Landsberg und Schongau wurde der Ausbau der Wasserkraft während des Zweiten Weltkriegs vorangetrieben, um die Rüstungsindustrie mit „kriegswichtigem“ Strom zu versorgen. Auch Zwangsarbeiter und Kriegsgefangene mussten am Bau mitwirken und sogar ihr Leben dabei lassen. Die Umwandlung des Wildflusses Lech in eine Staustufenkette geht insofern maßgeblich auf das Regime der Nationalsozialisten im „Dritten Reich“ zurück: Politische Entscheider und Wasserbauingenieure verbanden sich über ihre NSDAP-Kontakte. Eine Aufarbeitung dieses unrühmlichen geschichtlichen Abschnitts wurde erst in den letzten Jahren vom Landsberger Heimatforscher Anton Lichtenstern begonnen.[2]

Die von den Nationalsozialisten gegründete „Bayerische Wasserkraft AG“ (BAWAG) konnte unmittelbar nach Kriegsende ihr Werk fortsetzen, ohne dass eine „Entnazifizierung“ tatsächlich stattgefunden hätte: Bereits 1947 wurde das Kraftwerk Sperber bei Hohenfurch fertiggestellt. 1954 ging mit dem Kraftwerk Roßhaupten und dem Aufstau des Forggenseespeichers in der Illasschlucht und der Wildflussstrecke des Füssener Beckens die Geschichte des frei fließenden Lechs in Bayern endgültig zu Ende: Seitdem ist das ökologisch so maßgebliche Wechselspiel aus jahreszeitlich stark schwankendem Wasserabfluss und Geschiebetransport zum Erliegen gebracht. Ganze Landschaftsabschnitte und Auen sind verloren. Wo einst große Hirschrudel im Lavendelweiden-Auwald ihren Winterlebensraum hatten, dehnen sich heute Stauseen aus.

Die Vorteile der Wasserkraftnutzung hinsichtlich des Hochwasserschutzes und der Gewinnung erneuerbarer Energien sowie nutzbarer Flächen für Landwirtschaft und Bebauung wurden zu einem hohen Preis erkauft: So dicht wie an keinem anderen bayerischen Fluss liegen die Staustufen am Lech hintereinander. Dadurch ist der Geschiebetransport völlig unterbunden – Wasserkraftnutzung verlangt mehr noch als nach einer gewissen Wassermenge nach Fallhöhe am Kraftwerk, damit das Wasser mit möglichst großer Wucht auf die Turbinenschaufeln drückt. Fallhöhe erfordert wiederum Aufstau, Aufstau verlangsamt die Fließgeschwindigkeit und damit auch die Schleppkraft des Flusses. Kies und Sand, wenn nicht schon in Österreich in einem großen Kieswerk direkt hinter der Grenze entnommen, bleiben im Forggensee liegen. Jede der folgenden Staustufen für sich unterbindet den Geschiebetransport. Fehlt dem Fluss jedoch die stetige Nachlieferung von Kies, so widmet er seine Kraft in den wenigen verbliebenen Fließstrecken unterhalb der Kraftwerke, im Stadtwald Augsburg oder in der Litzauer Schleife, vermehrt der Eintiefung. Aus wasserbaulichen Gründen wie auch um kieslaichenden Fischen passendes Substrat zur Laichablage anzubieten, werden deshalb an knapp einem Dutzend Stellen entlang des Lechs in erheblichem Umfang Kiestransporte mittels Lkw und Bagger vorgenommen.

Man muss sich dies auf der Zunge zergehen lassen: Wir nutzen die Wasserkraft des Lechs also zur Stromgewinnung, entziehen dem Flusssystem Energie, die wir dann zumindest zu einem geringen Teil in Form fossiler Brennstoffe wieder investieren müssen, damit der Fluss nicht völlig aus den Fugen gerät.

In enger zeitlicher Korrelation mit dem Staustufenbau veränderte sich nicht nur das Landschaftsbild des Lechtales grundlegend, es verschwanden auch zahlreiche Tier- und Pflanzenarten. Selbst dort, wo die Lechauen nicht in Stauseen versanken, veränderten sich die standörtlichen Rahmenbedingungen ebenso schleichend wie grundlegend. Ohne Überflutung, Abtrag und Auflandung oder auch aufgrund des oft stark abgesunkenen Grundwasserspiegels verschwanden erst einzelne Tier- und Pflanzenarten: Kaiser-Karls-Szepter und Edelweiß am Schongauer Lech infolge der Aufstauungen in den späten 1940er- und 1950er-Jahren, Flussseeschwalbe und Neuntöter in den 1980er-Jahren. Die Schnurbein-Brüder (siehe entsprechendes Zeitzeugeninterview) erinnern sich noch an die Feuer-Lilie in den Auen bei Hurlach, heute ist die Art dort verschwunden. Die Liste der Beispiele ließe sich lange fortsetzen.

Zwar bilden die Stauseen ihrerseits Lebensraum, etwa für zahlreich überwinternde Wasservögel, von denen wiederum die Uhu-Population am Lech profitiert. Diese Wertigkeit muss jedoch in Abwägung gestellt werden zu der verloren gegangenen Ursprünglichkeit und Eigentümlichkeit des Lechtals. Nicht umsonst gibt das Bundesnaturschutzgesetz neben der Bewahrung der Vielfalt auch den Schutz von „Eigenart“ und Schönheit vor.

In den letzten Jahren ist festzustellen, dass ganze Lebensraumtypen in ihrem Fortbestand gefährdet sind: die Trockenrasenstrukturen junger Heiden etwa, der Grauerlen-Auwald oder die lichten Kiefernwälder. Die Aufgabe historischer Landnutzungsformen, wie Niederwaldbewirtschaftung, Waldweide, Heu- und Streunutzung, die Entkopplung von Fluss und Aue, aber auch Neophyten und hohe Stickstoffeinträge aus Landwirtschaft und Verbrennungsprozessen verändern das ökologische Koordinatensystem derart, dass nur aufwendige Landschaftspflegemaßnahmen solche Biotope noch bewahren können.

Das von Flussregulierung und Staustufenbau eingeleitete Artensterben im Lechtal setzt sich währenddessen fort: Naturschutz und Landschaftspflege können nicht immer die schwindenden Populationen bedrohter Tier- und Pflanzenarten stützen. So manches geeignet erscheinende Habitat wurde von seinen angestammten Bewohnern aus oft unbekannten Gründen aufgegeben: Die Schmetterlingsfauna des unteren Lechtals etwa weist erhebliche Lücken auf. Wo noch Ende des letzten Jahrhunderts ökologisch anspruchsvolle Arten wie Kreuzenzian-Ameisenbläuling und Wald-Wiesenvögelchen flatterten, finden sich heute nur noch Arten, die weniger Ansprüche an ihren Lebensraum stellen. Zwar sind passende Nahrungspflanzen und Eiablagestrukturen vorhanden, die Tagfalter sind jedoch verschollen, vermutlich infolge der zu geringen Ausdehnung und zu verinselten Lage der Relikt-Habitate.

Auch bei der einst reichen Pflanzenwelt des an der Schnittstelle alpiner, kontinentaler und submediterraner Verbreitungsgebiete gelegenen Lechtals sind neben bereits eingetretenen weitere zukünftige Verluste nicht auszuschließen: Das Wanzen-Knabenkraut etwa war früher auf den flussnahen Lechheiden weitverbreitet. In seinen Lebensraumansprüchen geriert es sich als merkwürdiges Zwitterwesen: Als Ausgangssubstrat bevorzugt diese Orchidee die kargen, nährstoffarmen Flussschotter, wünscht sich jedoch auch bisweilen eine leichte Überdeckung und Düngung des Standortes mit feinem, vom Fluss angespültem Sediment. Was in der Naturlandschaft eine gängige

Kombination war, ist auch mit ausgefeilten Naturschutzkonzepten nicht zu imitieren. Nur noch 2 Wuchsorte beheimaten das Wanzen-Knabenkraut im Lechtal, ihre Zukunft ist ungewiss.

Vom Aussterben bedroht scheint aber auch *Homo sapiens* in der Subspezies *licatius*, der mit dem ursprünglichen Lech vertraute Lechtal-Bewohner. Die Zeitzeugen, die den Lech noch als Wildfluss kennen und trotz aller Wildheit geschätzt und geliebt haben, diese „Likatier", werden immer weniger. Eine nachgeborene Generation kennt den wilden Lech nur noch aus Berichten und von alten Fotografien. Die ihrer Dynamik, Ursprünglichkeit und Artenvielfalt ebenso wie ihres unverkennbaren Charakters, ihrer Einzigartigkeit und ihres Erlebniswerts beraubte Landschaft droht zur neuen Referenz zu werden. Noch kann sich der Naturschutz am Lech auf maßgebliche Unterstützung von Vertretern der älteren Generation stützen, die an den „alten" Lech und seine Naturschätze noch eigene Erinnerungen haben. Diese auch nachfolgenden Generationen zu erschließen, den Wert des Naturerbes der Wildflusslandschaft zu vermitteln – hierzu soll das vorliegende Buch einen Beitrag leisten.

Wenn schon nicht die ökologische Verarmung, so sprechen doch andere, von der Gesellschaft vielleicht höher gewertete Argumente – wie die starke Sedimentation schadstoffbelasteter Schlämme in den Staustufen und im Forggensee oder die stellenweise fortschreitende Eintiefung des Lechs – dafür, dem Lech langfristig wieder mehr Freiheit und Wildheit einzuräumen: Das vom Wasserwirtschaftsamt Donauwörth initiierte Renaturierungsprojekt „Licca liber" – der freie Lech – weist in diese Richtung. Erfolg hat dieser Ansatz jedoch nur, wenn der Lech viele Freunde hat, die solch ein Vorhaben unterstützen. Dem Lech ist es zu wünschen, dass alte und junge „Likatier" ihm wieder zu seinem Recht verhelfen: Dass er wieder ein „schnell Fließender", ein „Steiniger" sein möge.

Anmerkungen:

[1] Siehe hierzu Peter Nasemann: Der Lech im Gebirge. Lechkiesel erzählen eine geologische Heimatgeschichte. Bauer-Verlag, 177 S., Thalhofen, 2015.

[2] Anton Lichtenstern: Strom für den Krieg – die Kraftwerke der BAWAG zwischen Schongau und Landsberg am Lech. In: Landsberger Geschichtsblätter, 113. Jahrgang, S. 103–134, Landsberg am Lech, 2015.

Bild: Schachbrettfalter im Morgentau auf der Hurlacher Heide

Frühstück im Kuhstall

Elmar Walch, Lech am Arlberg

Elmar Walch

Hirte, Senn, Landwirt, Skilehrer, Jäger, Hotelier
Jahrgang 1928
geboren und aufgewachsen in Lech am Arlberg

In seiner Jugend hat der Hirte, Senn und Skilehrer viele Facetten des Berglebens erfahren. Später, als Hotelier, hat er die Entwicklung von Lech am Arlberg zum weltberühmten Wintersportort mitbestimmt und -gestaltet.

Bescheidenheit zeichnet den Lech-Ureinwohner aus. Sein gesamtes Leben spielte sich in der Verbindung zur Zuger Alpe ab. Hier war er in seiner Jugend und später dann als Jäger tätig. Die blumenreichen Bergwiesen rund um sein Haus in Lech am Arlberg sind seine Heimat. Und kein Wunder, dass sein Lieblingsplatz nicht irgendein Fleckchen ist, sondern jeder Quadratmeter der Zuger Alpe.

Bild Doppelseite: frisch gemähte Blumenwiese im Skigebiet Oberlech
oben: Elmar Walch als junger Senn, 1953
rechts: vor seinem Haus in Lech am Arlberg, 2018

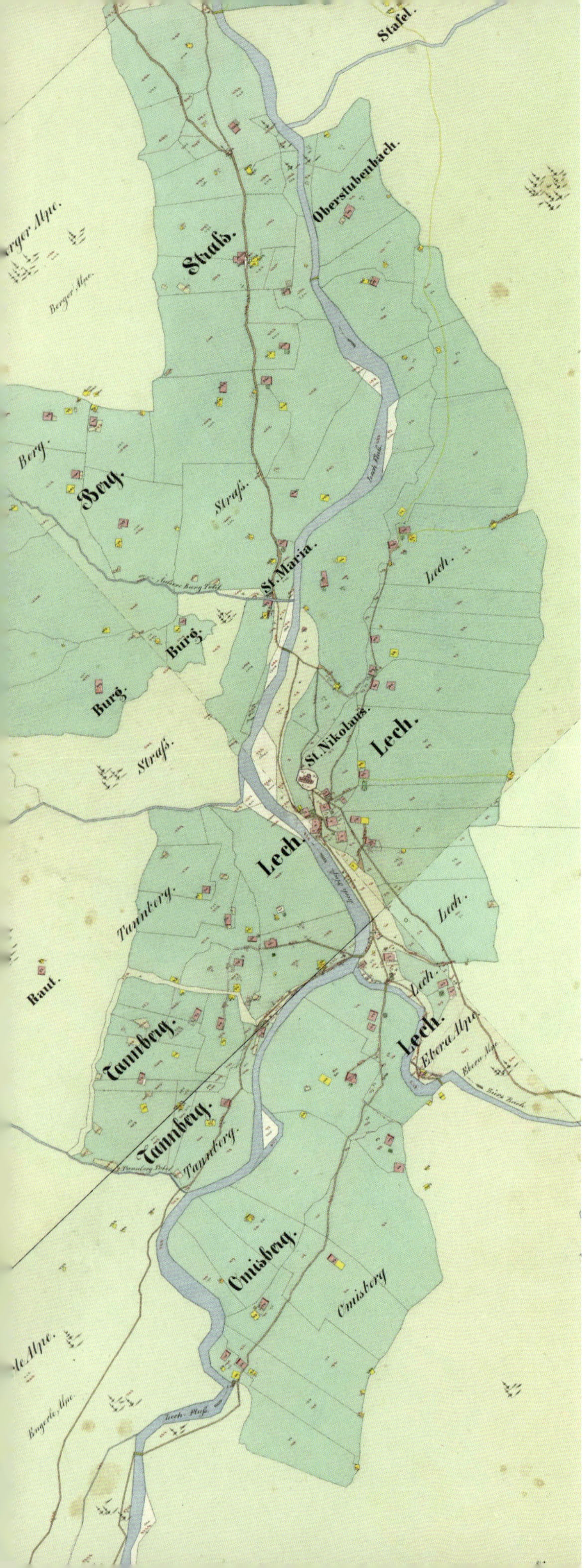
Stafel.
Oberstubenbach.
Strass.
Berg.
St. Maria.
St. Nikolaus.
Lech.
Burg.
Tannberg.
Omisberg.

Lech am Arlberg
Neue Kirche Lech
Golfclub Lech
(Driving Range)
Lechtalstraße
Tannberg
Zuger Straße
Omesberg
Anger

Weißt Du Elmar, die Zukunft ist einfach ein Zimmer mit Bad und Toilette" gaben ihm damals in den 1960er Jahren die Skigäste zu verstehen. Daraufhin hat Elmar Walch, der immer sehr gut den Zahn der Zeit getroffen hat, einen Architekten mit der Hotelplanung beauftragt und ihm die oben erwähnte Aussage mitgegeben. „Als dann auf der Baustelle einmal zwei alte Lecher vorbeischauten und das sahen, haben sie mich belächelt und meinten: Die Leute kommen nach Lech zum Skifahren und nicht zum Baden! Da machst statt einem Bad lieber ein 3-Bett-Zimmer, dann hast mehr davon." Aber die Zeit gab Elmar Walch Recht und so betreibt seine Familie noch heute das Hotel Angela in Lech am Arlberg.

Elmar Walchs Eltern waren normale Bergbauern in Lech und er ein „ganz normaler Bauernbub". Er kam – wie alle andern damals – im elterlichen Bauernhaus zur Welt und wuchs dort auf, wo auch schon sein Vater und Großvater ihr Leben gelebt haben. „Mein Vater war Förster, Waldaufseher und Bergbauer und ich musste, beziehungsweise durfte, von Anfang an bei allen Arbeiten mithelfen, die in der Landwirtschaft zu tun waren." Zum Beispiel beim Heinzen wurden die Kleinen gebraucht. „Die Kinder mussten immer vorheinzen", also auf die untersten Sprossen der Heinzen die erste Grasschicht aufbringen. Damals war das Heinzen noch notwendig, da man auch bei schlechtem Wetter gemäht hat, um genügend Viehfutter zu ernten – was rein händisch mit der Sense stattfand. Danach wurde das geschnittene Gras auf die Heinzen geschichtet, damit es nicht zu schimmeln anfing und gut trocknete. Bei guter Witterung wurde es dann eingebracht. Die Wiesenbewirtschaftung war damals eine ganz andere als heute. Kein Mähwerk (egal ob Finger-, Messer-, Kreisel- oder Scheibenmähwerk), kein Kreisler, kein Ladewagen, geschweige denn ein Traktor. Maschinen waren damals in der Bergbauernwirtschaft noch nicht zugegen. Somit war alles rein händische Arbeit mit Sense, Rechen, Heugabel und viel körperlicher Beanspruchung. „Der Nachbar drüben hat an einem Sonntag mal zu mir gesagt: Du, sag mal, wann stehst denn Du auf? Früher war ich immer der Erste und heut wenn ich aufsteh', bist Du schon mit der Sense auf der Wies'!" erzählt Elmar aus seiner Jugend. „Zu der Zeit bin ich ganz früh aufgestanden, so um vier oder halb fünf." Er wollte eben den Tag nutzen und auch die Sense glitt besser durch das Gras, wenn es durch den Morgentau feucht war. „Damals wurde eben alles mit der Sense gemäht." Die Talwiesen und auch die Bergmähder – also die steilen Hangbereiche in den Bergen, die nicht beweidet wurden – als Winterfutter fürs Vieh. Das Heu der Bergmähder wurde in Scheunen oben in den Bergen gelagert und erst im Herbst nach dem ersten Schnee ins Tal gezogen. „Das war Knochenarbeit pur!" Vor allem für den Lenker, der vor dem provisorischen Schlitten herlief und versuchte, möglichst Spur zu halten! „Man hat da eine Burde gefasst, diese g'scheit zusammengebunden und auf zwei breite Holzschienen gelegt. So ging's dann runter ins Tal. Wo's steil war, ist's eben schneller gegangen und man hat Acht geben müssen, dass man nicht unten 'reinkommt. Der Fridolin, der ist zum Beispiel mal unten drunter gekommen. Den hat's gestreckt, weil ihn der Heuhaufen g'fressen hat." erzählt Elmar mit einem sanften, aber erinnerungsreichen Lächeln.

Auf die Frage, ob er damals überhaupt Zeit hatte, in die Schule zu gehen, erwidert Elmar: „Ja, Schule war schon wichtig. Und der Vater hat auch verlangt, dass mein jüngerer Bruder – mit dem ich alles geteilt habe – und ich eine Ausbildung machen." Als Elmar eingeschult wurde, freute sich sein Bruder riesig und sagte mit einem verschmitzten Grinsen zu ihm: „So Elmar, Du gehst jetzt zur Schule, dann kann ich ja den ganzen Tag mit unseren Ski fahren, oder?" „Damals gab es bei uns noch keinen Lift. Man ist zum Beispiel nach Zürs im Winter in vorbereiteten Skispuren gefahren. Mit großen Augen haben wir uns dann den neuen, 1937 erbauten Schlepplift angeschaut. Das war ein Schauspiel. Und eine Innovation! Das war der erste Skilift, den ich gesehen habe" schwärmt Elmar

Kartenvergleich: Lech am Arlberg 1857/2018

von den ersten Erfahrungen und Begegnungen mit einem Trend, der ihn noch sein ganzes Leben begleiten sollte.

Nach der Schulzeit brach für Elmar eine neue Ära an: Er wurde Rinderhirte auf der Zuger Alpe. „Das war 1943, und der örtliche Hirte musste zum Krieg einrücken. Da waren dann plötzlich 70–80 Rinder auf der Zuger Alpe ohne Hirten.“ Die örtlichen Bauern, die ihre Rinder damals wie heute auf die Zuger Alpe brachten, bekniete Elmars Vater, er möge doch einen seiner beiden Söhne für die Hirtentätigkeit zur Verfügung stellen. Sie meinten: „Der Elmar, der kennt sich so gut aus in der Zuger Alpe, der wäre ein guter Hirte.“ Der Vater entschied und das wurde dann auch so gemacht.

Elmar war als Kind schon immer viel in der Zuger Alpe gewesen, z.B. beim Viehauf- und -abtrieb. „Das war für mich eine 500 Hektar große Spielwiese“, die er zu der Zeit natürlich noch nicht an allen Ecken und Enden kannte, aber das kam in den folgenden Jahren. Und natürlich war es nicht nur Spiel. Er musste auf den Bergmähdern immer fleißig mithelfen: „Das war eben eine Familienaufgabe.“

Nur seine Mutter hatte Bedenken, wie es dem jungen – inzwischen 15-jährigen – Elmar ganz allein unter 80 Rindern (Jungvieh) wohl den Sommer über ergehen würde. So bekam er von ihr den Auftrag, jeden Tag von den Rinderweideflächen zur Milchviehalpe herabzusteigen, um zu zeigen, dass es ihm gut gehe. „Das habe ich dann auch genau einmal gemacht. Es gibt da oben ja keine Wege und bei stockfinsterer Nacht über Steine und Wurzeln zu gehen, ist eben auch kein Spaß. Auf dem Weg da runter bin ich oft gestolpert und hab mir die Knie wund geschlagen. Da hab ich dann entschieden, dass ich nur einmal die Woche zur Kuhalpe gehe.“ Und zwar jeden Donnerstag, wenn er heim zum Elternhof ging, um sich mit Essen für die kommende Woche einzudecken. „Fürs Frühstück hab ich mir Brot, Butter und Käs’ eingepackt und fürs Mittagessen gab’s zusätzlich noch a bissel Speck. Zum Trinken hatte ich ja auf der Alp genug. Da gibt’s Quellen und eine Kuh war in meiner Herde auch dabei. Von der hab ich mir jeden Tag Milch fürs Mittagessen abgezapft.“ So verbrachte Elmar den gesamten Sommer 1943 in der „Bärendohle“, wie die Hütte oben in der Nähe der Rinderweideflächen auch genannt wird.

„… und eine Kuh war in meiner Herde auch dabei. Von der hab ich mir jeden Tag Milch fürs Mittagessen abgezapft.“

Ein Jahr später wurde Elmar wieder gebraucht. Eigentlich wollte er wieder in die Bärendohle, aber die Bauern haben entschieden, dass er lieber den Senn in der Kuhalpe unterstützen soll. „Der dortige Kuhhirte vom letzten Jahr konnte nicht melken. So haben die Bauern gesagt, dass der Hirte sich um die Rinder in der Bärendohle kümmern muss. Mir haben sie gut zugeredet und gesagt, dass ich ja gut melken kann, weil ich das daheim ja auch oft gemacht habe und dass der Senn mich braucht.“ So kam es zum Tausch. „Jeden Tag, morgens und abends, hab ich dann 15 oder 16 Kühe per Hand gemolken. Danach weiß man auch, was man getan hat. Das ist ganz schön anstrengend!“ Damals war die Milchleistung der Kühe aber noch eine andere. „Da waren’s halt so 4 oder 5 Liter pro Kuh und Melkgang und nicht wie heute die 10 bis 12 Liter der ‚Turbo-Kühe‘!“ sagt Elmar mit einem ernsten Gesichtsausdruck, weil er weiß, dass die heutige intensive Milchwirtschaft nur noch wenig mit den von ihm erfahrenen Traditionen zu tun hat.

Das Melken war in diesem Sommer aber nicht seine einzige Aufgabe. Er musste die Tiere auch hüten – er war ja eigentlich auch als Hirte angestellt. „Die Tiere haben wir jeden Abend in den Stall geholt und dann gemolken. Danach durften sie wieder auf die Weide.“ Dasselbe war am Morgen der Fall. Es gab aber auch Tage, an denen viel

Ungeziefer unterwegs war und die Nerven der Kühe strapazierten. „Dann haben wir die Kühe bis nachmittags im kühleren Stall gelassen, damit sie nicht so wild werden." Als der Sommer ins Land ging, war Elmar dann schon wieder auf dem Sprung zur nächsten Aufgabe – der Ausbildung zum Senner in einer großen Sennerei im vorderen Bregenzerwald! Dieser Lehre hat er übrigens zu verdanken, dass er nach der Grundwehrausbildung nicht in den inzwischen ausgebrochenen Krieg einrücken musste. Der Sennereibetrieb galt als versorgungswichtig. Da die Männer alle schon im Krieg waren, musste er als Lehrling mit einem alten Mann und einigen ausländischen Kriegsgefangenen den Betrieb aufrechterhalten. Nach dem Krieg, kurz nach Abschluss der Lehre, kam die Nachricht seines Vaters, dass er sehr krank sei und Elmar nach Hause kommen müsse, um den Bauernhof zu führen. „Mit 18 Jahren war das!", fügt Elmar vielsagend hinzu. „Von da weg war ich Bauer – Bergbauer! In der Zeit hatte ich so 5 bis 6 Kühe und etwa gleich viel Jungvieh, die im Sommer in der Zuger Alpe waren, und im Herbst kamen sie dann wieder heim."

Doch dann kam auch bald schon der nächste Wandel. Viele Bauern in Lech hatten zur damaligen Zeit schon Gästezimmer eingerichtet. Die höheren Dienstgrade der Besatzungsmächte wollten ja im Winter Ski fahren. „Dazu

Bild: aus der Ferne zeigt Lech am Arlberg seinen dörflichen Charakter

haben sie den Rest der Soldaten ins Tal geschickt und die Offiziere und die Frauen haben sie nachkommen lassen. Der alte Skilift wurde wieder instand gesetzt und die verfügbaren Skilehrer wurden verpflichtet."

Bis 1951 (da wurde die inzwischen ausgebaute Straße den ganzen Winter für den Autoverkehr geöffnet) mussten alle mit Pferdeschlitten von Langen aus hergebracht werden. „Heute sind das 30 Minuten Autofahrt hin und zurück, aber damals war das eine Halbtagesreise." Bei der musste man auch aufpassen, dass man den Schlitten in der Spur hält. „Einmal ist mir der Schlitten umgekippt, leider waren da auch Gäste drin ... Der nächste Schlitten hat mir dann geholfen, das Pferd und den Schlitten aus dem Graben zu ziehen und den beiden Gästen blieb nichts anderes übrig, als unter Protest und mit Zähneknirschen wieder einzusteigen."

Nach einem Winter als Kutscher wurde Elmar 1948 im Winter selbst Skilehrer und hatte von da an über die privaten Skikurse sehr guten und engen Kontakt zu den gut situierten Gesellschaftskreisen, die nach dem Krieg nach Lech kamen, vorwiegend Franzosen und Engländer. „Die Saison war bis 1955 aber eigentlich nur von Weihnachten bis Dreikönig, aber es hat sich auch für die paar Tage gelohnt, Englisch und Französisch zu lernen", bemerkt er mit einem Augenzwinkern. Erst nachdem der Friedensvertrag geschlossen war und die Besatzung aufgelöst wurde, kam der eigentliche Tourismus nach Lech. „Und ab da kam dann auch deutschsprachiges Klientel." Zu der Zeit gab es

Bild: Elmar Walch als Skilehrer (Bildmitte)

in Lech auch schon einen Schlepplift. Um 1960 kam dann der erste Sessellift hinzu.

„Die etwa 13 Skilehrer, die wir 1948 waren, hatten gut 'was zu tun, aber das, was danach kam, war bis dato nicht vorstellbar." Elmar war von 1948 bis 1968 Skilehrer. Danach wurde die Skischule an ihn übergeben und er leitete diese bis 1988. In seinem letzten Jahr als Skischulleiter hatte er rund 250 Skilehrer unter sich. Ähnlich verhielt es sich mit den Skischülerzahlen. Die Saison wurde länger, nämlich von Anfang Dezember bis Ostern, und es gab mehr Möglichkeiten. So waren es zum Ende von Elmars Skischulzeiten 1988 rund 18.000 Skischüler!

„Einmal war ich unvorsichtig und habe den Schlitten umgeworfen, leider waren da auch Gäste drin ..."

In den 1950er- und 1960er-Jahren haben viele der Lecher Bauern den Wandel hin zum Tourismus und zur Gästebeherbergung mitgemacht. „Davor war Lech ein fast reines Bauerndorf mit 4 Gasthäusern. Doch mit dem Tourismus kam eben auch die Veränderung hin zum Fremdenverkehrsort mit heute noch einem guten Dutzend Landwirtschaftsbetrieben, aber über 8.000 Gästebetten. Elmar selbst hat diesen Wandel mitgestaltet. Er hat 1962 das Bauernhaus abgebrochen und die Pension Angela (mit rund 30 Betten) an dessen Stelle aufgebaut. Die Landwirtschaft hat er nebenbei weiter betrieben.

Anfang der 70er-Jahre wurde Elmar aber sehr krank und konnte sich nicht mehr um seine Tiere kümmern. „Das hat mir so weh getan!", erzählt er den Tränen nahe. „Im Herbst ist's Vieh von der Alpe gekommen und ich musste alles Vieh verkaufen. Und ich hab schöne Kühe gehabt!", fügt er mit belegter Stimme hinzu. „Das war furchtbar für mich!" Aber es war ein neuer Anstoß: „1974 haben meine Frau Luise und ich das Ganze mit einem Architekten neu geplant. Der Stall wurde abgerissen und die Pension erweitert und zum heutigen Hotel Angela ausgebaut. „Ich hab zu den Gästen dann immer gesagt: ‚Da, wo sie jetzt speisen, haben früher immer die Kühe gefressen.' Das ist auch eine Art von Entwicklung, oder?", fügt er mit einem Grinsen hinzu. „Und die Gäste können bei uns ‚vom Bett ins Bett' Skifahren." Damit meint er, dass man von seinem Hotel die Ski vor der Haustüre anschnallen, zum nächsten Lift und dann nach der Abfahrt wieder direkt vor die Haustüre fahren kann. Sein aktives Hoteliersleben ist nun aber auch schon eine Weile vorbei. Er und seine inzwischen verstorbene Frau haben das Hotel 2002 in der Familie an die nächste Generation weitergereicht.

Auch sein Jagdgewehr ist inzwischen eine Generation weitergewandert, doch die 40 Jahre, die Elmar als Jäger auf der Zuger Alpe verbracht hat, werden ihm immer in Erinnerung bleiben. So war er auch nach der Aufgabe seiner Landwirtschaft weiter in der Zuger Alpe. Eigentlich sein ganzes Leben lang! Kaum einer kennt sich da oben so gut aus wie er. „Aber einen Lieblingsplatz hab ich dort trotzdem nicht. Die ganze Zuger Alpe ist mein Lieblingsplatz!", sagt er mit einem wehmütigen Lächeln und fügt mit belegter Stimme hinzu: „Immer wenn ich in die Zuger Alpe komme, dann ist das für mich wie wenn ich heimkomme!"

Aufgeschrieben von Harald Jungbold

Heimat ist der Platz,
für den ich mich
verantwortlich fühle
Toni Knittel, Bach

Toni Knittel

Lehrer für Musik und Deutsch, Musiker, Umweltaktivist
Jahrgang 1963
geboren in Breitenwang
aufgewachsen in Breitenwang und Bach

Seine Verbundenheit mit dem Tiroler Lechtal zeigt sich schon in der Historie seiner Vorfahren: Die legendäre „Geierwally", Anna Steiner-Knittel aus dem Nachbarort Elbigenalp, war seine Urgroßtante.

Das Germanistikstudium und seine Tätigkeit als Hauptsschullehrer haben einen großen Einfluss auf seine Berufung zum musikalischen Multitalent als sprachgewandter Liedermacher. Nicht zuletzt singt Toni Knittel dabei oft über und für seine Liebe zum Lech. Um auch in Zukunft über Aktuelles und nicht über Vergangenes singen zu können, war und ist sein Engagement, den „wilden Lech" zu erhalten, immens. Dabei vertraut er auch auf die „jungen" LechtalerInnen, die seines Erachtens mit einem ganz anderen Lechbezug als seine Generation aufgewachsen sind, und kämpft „mit Herz und Hira" weiter für seinen Heimatfluss.

Bild Doppelseite: der „wilde Lech" bei Forchach; oben: Toni Knittel als Jugendlicher beim Bergwandern
rechts: auf dem Open-Air-Konzert „Mit Herz und Hira" in Elbigenalp besingt er mit seiner Frau Margit den Lech, die Schnarrschrecke und den blauen Planeten, 2018

Obergiblen
Unter Bach
Ober Bach
Seesumpf
Unter Stockach
Unter Winkel

Obergiblen
Bach
Kraichen
Stöckach
Lech

Da bin ich bei mir im Wohnzimmer gesessen und habe gedacht, Sch..., wenn wir da jetzt nicht erfolgreich sind, dann ist das Viech weg. Ich mein dieses kleine Viech, da kümmert sich kein Schwein drum." Die Gefleckte Schnarrschrecke hatte es Toni Knittel angetan und mit ihr gleich deren Lebensraum, ein ganzes Tal. Das Tal, in dem er aufgewachsen ist. Das er immer vor Augen hatte und doch lange Zeit nicht bewusst wahrnahm. Augenscheinlich hat ihn die Schnarrschrecke dazu gebracht, das Lechtal aktiv zu schützen ...

„Wenn's um Tierschutz geht, reden wir immer nur von den Elefanten und von den Tigern und so. Aber man vergisst eben, dass das ein Kreislauf ist. Ein Uhrwerk, bei dem das eine ins andere greift." Dem Uhrwerk des Lechs hat sich Toni Knittel fortan verschrieben.

Schon als junger Bub nahm ihn der naturverbundene Vater mit in die Berge, die direkt vor der Haustür auf sie warteten. Rein in die Natur! Anstatt den Sonntag am Stammtisch im Gasthaus zu verbringen, ging es für Tonis Vater auf Wanderschaft mit den Kindern. Toni Knittel lacht: „Nachdem wir garantiert nach einer halben Stunde schon angefangen haben zu jammern, hat er seine Geheimwaffe ausgepackt, die Geschichten. Mein Vater konnte Geschichten erzählen und der wusste so viel, das ist unglaublich!" Geschichten wie die über seine Urgroßtante, die berühmte „Geierwally". Wenn Toni Knittel von ihr spricht, nennt er sie bei ihrem richtigen Namen: Anna. Urgroßtante Anna, eine resolute und selbstbewusste Frau, wie es sie in der zweiten Hälfte des 19. Jahrhunderts kaum gab. Sie war schon eine, die Sachen aus Überzeugung tat, die die Menschen zum Nachdenken brachte. „Die Anna, die Anna, die traut sich was", resümiert Knittel und grinst.

Von den Abenteuern der Familie und von der Landschaft erzählte der Vater wie kein anderer. Für Toni war er ein „Landschaftspfleger aus Überzeugung". Neben seinem Beruf als Metallarbeiter im Planseewerk ging der Vater jedes Jahr auf die Bergmähder zum Heuen, auch wenn sich das wirtschaftlich schon lange nicht mehr lohnte. Hier ging es um die Arbeit an sich, um das Leben am Berg und um den Erhalt der blühenden Bergwiesen. Zur Heuernte lebte der Vater eine ganze Woche lang in seiner Berghütte. Für ihn war das wie Urlaub. „Zu was braucht er einen Palmenstrand, wenn er da drinnen seine Hütte hat. Es hat gerochen wie eine Kräuterteemischung. Er wusste genau, welches Heu von welcher Stelle sorgsam aufgehoben und gegebenenfalls als Medizin für eine erkrankte Kuh zu nutzen war." Toni Knittel schwelgt in Erinnerungen.

Auch Toni Knittel half als Junge bei der Heuernte. Vom Vater übernahm er das Gefühl, auf diese Bergwiesen aufpassen zu müssen. Wenn da einmal Bäume wachsen und eine Generation nicht mitwirkt, dann gibt es keine Blumenwiesen mehr. Die enge Bindung an die heimatliche Kulturlandschaft wird sowohl in Bezug auf die Bergwiesen als auch auf die Flüsse deutlich: „Also ich bin ja hier in diesem Dreieck aufgewachsen, zwischen Alperschonbach und Lech. Ich bin 200 Meter zu Fuß gegangen und dann war ich an irgendeinem Bach." In diesen Bächen wurde der Alltag der Kinder zum Abenteuer. Man baute Flöße aus Plastikcontainern und Holz, ging damit auf den Bach. „Wir waren leichtsinnig", meint Knittel und fügt andererseits rechtfertigend hinzu: „Damals war das die einzige Möglichkeit, zu spielen. Es gab keine Gameboys und Videospiele on demand." Er ist sich sicher, Erfahrungen wie die seinen sind für die Entwicklung von Kindern wichtig. Beim Spielen am Lech, der hier gar nicht so breit und so natürlich ist, aber selbst bei Normalwasserstand sehr viele Schotterflächen und Sandbänke hat, habe er seine Grenzen testen können. „Also wenn ich Tom Sawyer und Huckleberry Finn gelesen habe, dann wusste ich genau, wovon die reden."

Das Spielen am Lech hatte auch seine Tücken. Im Lech hauste nämlich nach den Erzählungen der Erwachsenen der Bluatschink, der unvorsichtige Kinder in den Oberschenkel beißt, wenn diese dem Flussufer zu nahe

Kartenvergleich: Bach 1856/2018

kommen. Zum Glück ist der Bluatschink nur ein Fabelwesen und vor allem dafür gedacht, die Kinder vom wilden Lech fernzuhalten. Dadurch gewinnt man als Kind großen Respekt vor dem Lech. „Solang das Wasser klar und durchsichtig war, konnte mir der Bluatschink nichts tun", versichert Toni Knittel. So konnte dieser ohne Angst seine selbst gebauten Flöße am Lech ausprobieren. Aber der kleine Toni hielt sich fern vom Lech, wenn dieser bei Hochwasser trüb war und er betrat auch im Winter keinesfalls die Eisdecke, unter der sich der Bluatschink ja hätte verbergen können.

Auf der Gefühlsebene wollte er die Lechtaler erreichen, auf dass für sie der Schutz ihrer Heimat zur Herzensangelegenheit werde.

Aus seiner persönlichen Berührung und Betroffenheit heraus entstanden dann die ersten Lieder zum Lech – Lieder wie „A Haschreck im Lechtl" oder „D'r Bluatschink". Auf der Gefühlsebene wollte er die Lechtaler erreichen, auf dass für sie der Schutz ihrer Heimat zur Herzensangelegenheit werde.

Bevor er als Musiker mit dem Bluatschink-Projekt an die Lechtaler Schulen ging, unterrichtete der ausgebildete Lehrer für Musik und Deutsch ein Jahr lang ausschließlich Religion. „Wenn du als Lehrer nicht nur Wissensvermittler, sondern auch Herzensbildner sein willst, ist Religion ein super Fach." Den Lehrer in sich kann und will der Musiker bis heute nicht leugnen. Er verschaffte dem Bluatschink ein neues Image: vom Kinderschreck zum Helfer beim Umweltschutz. Seine künstlerische Tätigkeit eröffnet ihm ein gewisses Maß an Freiheit und Unabhängigkeit, die er auch nutzt, um sich im Naturschutz zu engagieren.

Als Anfang der 1980er-Jahre Seitenbäche des Lechs im Hinblick auf ihre energetische Nutzung untersucht und erste Kraftwerkspläne bekannt wurden, formierte sich Widerstand. In der Annahme, dass es nicht bei dem bereits spruchreifen Kraftwerk bei Bschlabs am Streimbach bleiben würde, bildeten sich Bürgerinitiativen wie die Arbeitsgemeinschaft Tiroler Lech (ATL), die viele Vereine – darunter Österreichischer und Deutscher Alpenverein, Tiroler Naturfreunde und Naturschutzbund Tirol sowie die Umweltorganisationen Greenpeace, Global 2000 und WWF – an einen Tisch brachte. Der Bürgerinitiative gehörten vor allem Pfarrer und Lehrer an. Was zunächst nach Bildungselite klingt, hat auch eine andere Erklärung: Es handelte sich um Menschen, die aufgrund ihrer beruflichen Situation wirtschaftlich unabhängig sind und sich für eine solche Bewegung stark machen können. Gar nicht so einfach in einer Gegend, in der jeder jeden kennt. Toni Knittel stieß Ende der 1980er-Jahre dazu und wurde Obmann dieser Bürgerinitiative. Er unterstützte als technisch Versierter den WWF bei der Produktion einer Ton-Bild-Schau über den Tiroler Lech und stellte dabei entsetzt fest, dass er die dort gezeigten Bilder vom Lechtal kaum zuordnen konnte. „Bei der Hälfte der Bilder habe ich nicht gewusst, wo das ist. Und das war einfach so schööön! Es war einfach so unglaublich." In diesem Zusammenhang wird ihm auch die Bedeutung der Gefleckten Schnarrschrecke bewusst.

Die Bürgerinitiative hatte eine gut gemischte Altersstruktur: Es gab die sachlichen, besonnenen Älteren und die stürmischen Jungspunde, die am liebsten die ganze Welt auf den Kopf gestellt hätten. Sie haben viel geredet, auch mit den Pragmatikern, um herauszufinden, was eigentlich realistisch ist. Aber bei allem Realismus war es auch wichtig, „sich trauen zu träumen". Was zunächst hilflos und chancenlos aussah, wurde dennoch ausprobiert. Und die Zeit arbeitete für die Aktivisten und gab ihnen recht. Knittel erinnert sich an die zahlreichen Vorträge und politischen Veranstaltungen, auch daran, wie sie Wissenschaftler ins Tal holten. Durch die Zusammenarbeit mit verschiedensten überregionalen Vereinen wurde das Thema auch außerhalb des Lechtals bekannt. Toni Knit-

tels Lieder über den Bluatschink und die Schnarrschrecke haben dem Lechtal dann eine tirolweite Aufmerksamkeit verschafft. Gerade die Innsbrucker hätten vorher kaum gewusst, wo der Lech liegt, ihn vielleicht sogar Vorarlberg zugeordnet. Heute identifiziert man sich auch in Innsbruck mit dem Tal: „Finger weg von unserem Lech!". Das war wichtig, denn politische Entscheidungen wurden und werden in Innsbruck gefällt.

Das „einfach so uuunglaublich schlechte Verhältnis von Zerstörung und Energieertrag" war nach Meinung von Toni Knittel eines der Argumente, die dann Anfang der 2000er-Jahre zum lang ersehnten Meinungsumschwung führten. Die Kraftwerkspläne konnten vorerst verhindert werden. Das einsetzende Umdenken fand insbesondere im Tourismus und bei den Verantwortlichen des Wasserbaus statt. Noch in den 1980er-Jahren äußerte ein um den Lechtal-Tourismus Bemühter: „Ich weiß auch nicht, was wir Lechtaler verbrochen haben, dass uns der Herrgott mit einer solch Scheiß-Landschaft gestraft hat." Zu steile Hänge und Lawinengefahr setzten einen Riegel vor den begehrten Skitourismus, wie er Gemeinden im Ötz- oder Stubaital zu Reichtum verholfen hatte.

Inzwischen ist es gelungen, die zuvor wirtschaftlich strukturschwache Region durch eine spezielle Form des naturverträglichen Tourismus inwertzusetzen. Begeistert ist Toni Knittel vom Lechweg, dessen Alleinstellungsmerkmal er darin sieht, den Lebenslauf eines Flusses verfolgen zu können: Geburt und Kindheit im Quellgebiet, pubertierend durch die Lechschlucht und als gemächlicher Alter – mitunter zornig bei Hochwasser – bis Füssen ziehend. Danach sei nicht mehr viel Leben in ihm, weil ein Kraftwerk sich an das nächste reihe und engagierte Menschen

Bild: Auf der Saxenalm bei Madau/Bach. Die legendäre „Geierwally" (1841) hob hier nicht nur einen Adlerhorst aus. Sie war Künstlerin und Gründerin einer Malschule für Frauen. Mit einem landschaftlich herausragenden Wanderweg, der über die Saxenalm führt, wird ihr Leben wieder ins rechte Licht gerückt: dem „Anna Stainer-Knittel Gedenkweg".

um die letzten freien Fließstrecken kämpfen müssten. Da verdiene der Lech die Bezeichnung „Fluss“ auf weite Strecken nicht mehr, sondern sei vielmehr ein „Stand“.

Von dieser Art des Fremdenverkehrs profitiere heute das gesamte Tal, nicht nur die Vermieter von Unterkünften, auch ortsansässige Dienstleister. Vom Bäcker bis zum Tischler wissen sie dies hier zu schätzen. Alle Mitwirkenden sind sich einig: Einen Massentourismus wie in Ischgl lehnen sie strikt ab und entziehen ihm von Anbeginn an jeglichen Nährboden. So lebt es sich bisher auch als Einheimischer gut im Lechtal.

Dies ist auch dem Generationenwechsel zu verdanken. Die in den 1980er-Jahren Geborenen übernehmen jetzt als Dreißigjährige die Betriebe der Eltern und treffen als Gemeinderäte wegweisende Entscheidungen. „Die sind schon ganz anders aufgewachsen, genau mit diesem Gedanken: Hey, den Lech, den lassen wir uns nicht kaputt machen. Der ist etwas, auf das wir stolz sein können. Also: Finger weg!“ Toni Knittel hat viel Vertrauen in die jungen Lechtaler, die auch in der Landschaft unterwegs sind und tolle Fotos bei facebook posten: „Unglaublich, wie schön wir's hier haben!“

Mittlerweile haben sie die Wasserbauingenieure an ihrer Seite. Das Lechhochwasser 2005 verdeutlichte eindrücklich: Wo der Lech Platz hat, ist nichts passiert, dort wurde auch die Infrastruktur verschont. „Da, wo man dem Lech den Platz genommen hat, z. B. in Pflach, sind die Häuser – die man in die Zone gebaut hat, von der die alten Leute gesagt haben: ‚Da hätten wir nicht mal einen Holzschuppen hingestellt!' – dann bis zum Giebel im Wasser gestanden.“ Auch vor Elmen ist er über die Ufer getreten, übers Feld bis ins Dorf gerauscht und hat seinem Ruf als größter Grund- und Bodenbesitzer alle Ehre gemacht. Wäre das in den 1980er-Jahren passiert, hätte man eine riesige Betonwand gebaut, um den Ort zu schützen. 2005 sah man das bereits anders: Wenn der Lech hier offensichtlich so viel Platz braucht, dann lassen wir ihm den doch. Die betroffenen Bauern wurden daraufhin ausgezahlt und die Brücken verlängert. Der Lech bekam das, was er sich während des Hochwassers geholt hatte. „Man muss schauen, wo braucht er und wo kann man“, mahnt Toni

Bild links: der Gefleckten Schnarrschrecke bieten die naturnahen Kiesbänke des Lechs eines der letzten Refugien in Mitteleuropa
rechts: auch für die wildromantischen Seitentäler des Lechs gab es Kraftwerkspläne, hier ein Seitental am Plansee

Knittel. Bei diesem Hochwasser wurden auch ganze Auwälder mitgerissen, gleichzeitig aber neue Lebensräume geschaffen. Bereits in den 1980er-Jahren kamen Schweizer Wasserbauingenieure, die mit einem Renaturierungsprojekt an der Rhône beschäftigt waren, an den Tiroler Lech, um von einem naturnahen Fluss zu lernen. Die waren begeistert von dem, was sie im Lechtal sahen. Zu Hause würde man 8 Millionen Schweizer Franken investieren, um ein Gebiet – etwa ein Viertel so groß wie das Lechtal – zu renaturieren. Die Schweizer waren Pioniere – beim Zerstören und beim Umdenken.

„Hey, den Lech den lassen wir uns nicht kaputt machen. Der ist etwas, auf das wir stolz sein können. Also: Finger weg!"

Beim Gedanken an die nächste Generation der Lechschützer lehnt sich Toni Knittel entspannt zurück: Schon jetzt folgt ein Renaturierungsprojekt dem anderen. „Hier haben wir zum Glück noch viel Platz, den wir ihm lassen können."

Für seinen außergewöhnlich engagierten und couragierten Einsatz für Natur und Umwelt wurde Toni „Bluatschink" Knittel 2013 mit dem Österreichischen Naturschutzpreis ausgezeichnet. Bei der Verleihung im Palmenhaus im Wiener Burggarten befanden sich unter den fast 300 Gästen alle wichtigen Personen des Umweltschutzes – und in allen Reden wurde der Lech als positives Beispiel erwähnt. „Vor 20 Jahren hätte einem das keiner geglaubt, dass du da in Wien sitzt, und alle reden den ganzen Abend nur vom Lech – als dem großem Vorbild, wie die Flüsse im Oberlauf wieder ausschauen müssen, damit man die Hochwasserprobleme einigermaßen in den Griff bekommt", erzählt Knittel stolz. Auch die Generationen vor ihm hätten Großes geleistet und das Lechtal zu dem gemacht, was es heute ist. „Ich bin den vorigen Generationen ja sehr dankbar dafür, dass sie eine so prägende Kulturlandschaft geschaffen haben. Das ist eigentlich das wirkliche Plus am Lechtal. Dieses Nebeneinander von einer unglaublich schönen und sanft gewachsenen bäuerlichen Kulturlandschaft, und dann gehst du 20 Meter durch die Au und denkst, du bist in Kanada." Natürlich war er auch am Tagliamento, der ihn durchaus beeindruckt habe, wie er zugibt, aber zugleich schränkt er ein: „Der ist eben nur wild."

Seine Lech-Recherchen nutzt er heute vor allem, um sich mit der Geschichte seines Wohnortes Bach auseinanderzusetzen. „Ich hab in den letzten Jahren sehr viele ganz alte Bilder aus dem Lechtal zusammengetragen. Da gibt es Bilder vom Lech, das glaubst du nicht. Natürlich ist der im Verhältnis zu anderen Flüssen auch jetzt sehr ‚naturnah'. Aber was da in den 1950er-Jahren noch an offenen Schotterflächen da war, das glaubt man nicht. Und das vergessen die Leute auch recht schnell." Bei seinen Zeitreisen merkt er, wie sehr ihm sein Vater fehlt. Er habe sich schon manchmal gewünscht, das Wissen seines Vaters parat zu haben. „Ich weiß schon viel, aber so viel wie der Vater wusste …"

Es ist nicht zuletzt ein Verdienst von Toni Knittel und seinen Mitstreitern, dass Stolz und Verantwortungsbewusstsein von einer Minderheit auf die Mehrheit der Lechtaler übergegangen sind, die wollen, dass auch ihre Kinder und Enkel die Schnarrschrecke kennen und erleben. „Da wird Heimat endlich mal richtig begriffen, als der Platz, für den ich mich verantwortlich fühle." Dieses Verantwortungsbewusstsein und Heimatgefühl hat Toni Knittel auch an seine eigenen 4 Kinder weitergegeben. „Ja, so ist das mit dem Lech. Dass der mal mein Leben so prägen wird, hätte ich nicht gedacht."

Aufgeschrieben von Lola Scholz, Henriette Brune und Sarah Plotzky

Ich bin einfach ein »Bodenmensch«

Notburga Wolf, Elbigenalp

Notburga „Burgl“ Wolf

Bergbäuerin
Jahrgang 1947
geboren in Steeg
aufgewachsen in Steeg und auf dem Älpele im Bockbachtal

Ihr ganzes Leben verbrachte Burgl Wolf auf der Alm. Die entbehrungsreiche Jugend am Lech ließ sie sehr schnell erkennen, dass ein Boden, um den man sich gut kümmert, einen mit dem Nötigsten versorgt. Ihr Blick auf das Ganze und vor allem auf die Vorgänge in der Natur machen sie zu der bedachten und bescheidenen Person, die eine klare Vorstellung davon hat, was eine lebenswerte Welt ist und welchen Beitrag sie dazu zu leisten hat.

Ihr gesunder Menschenverstand und ein Herz voller Liebe zeichnen den „Bodenmenschen“ Burgl Wolf aus, dem auch die Schafe überall hin folgen würden.

Bild Doppelseite: Aussicht auf dem Weg von Elbigenalp zu Burgl Wolfs Schafweiden
oben: Burgl Wolf mit 2 Kindern, 1975
rechts: am Hof im Lechtal mit ihren Schafen, 2018

Elbingenalp
Elbingenalp
Untergiblen

Elbigenalp
Untergrünau
Lech
B198

Sie hatten nicht viel damals. Die Menschen mussten von dem leben, was der Boden hergab. Diesen Boden zu achten und zu schützen, das hat im Leben von Burgl Wolf bis heute Priorität. „Zuerst kommt das Leben und dann alles andere." Das ist für sie einfach klar und logisch, nichts Besonderes und doch so essenziell.

„Ich selber habe nie an wirklicher Armut gelitten", betont sie bei der Erinnerung an ihre Kindheit. Das Leben ihrer Eltern und Großeltern war jedoch geprägt von Armut und Hunger, aber auch von unermesslicher Liebe und Achtung der Natur. Ihre Mutter und deren 2 Brüder gehörten zu den „Schwabenkindern". So wurden jene Bergbauernkinder aus Vorarlberg, Tirol, der Schweiz und Liechtenstein bezeichnet, die von Beginn der Neuzeit bis ins frühe 20. Jahrhundert aufgrund der Armut ihrer Familien alljährlich im Frühjahr durch die Alpen zu den „Kindermärkten" hauptsächlich nach Oberschwaben zogen, um dort als Saison-Arbeitskräfte an Bauern in Oberschwaben und auf die Schwäbische Alb vermittelt zu werden. Da auch viele Bergbauern im von kargen Böden geprägten Tiroler Lechtal ihre zahlreichen Kinder nicht ernähren konnten, wurden diese ab April von Holzgau aus zu Fuß über die Allgäuer Alpen nach Schwaben geschickt, um auf den Höfen der dortigen Bauern zu helfen; sie kamen im Oktober auf gleichem Weg – im besten Falle ausgestattet mit (neuen) Schuhen und kargem Lohn – wieder nach Hause zurück. Die Mutter von Burgl Wolf erlitt dieses Schicksal nur einmal und sollte eigentlich als Kindermädchen arbeiten, wurde aber darüber hinaus bereits um 4 Uhr morgens ebenso wie spätabends auch zur Stallarbeit verpflichtet. Oft hat sie in der Küche der Dienstgeberfamilie die Wursthaut vom Tisch abräumen müssen. Sie selbst aber wurde weitaus weniger gut versorgt und aß auch nie mit der Familie gemeinsam. Der ältere Bruder hatte das seltene Glück, von einer Familie so herzlich angenommen zu werden, als ob er das eigene Kind wäre.

Für heutige Verhältnisse ist das Ausmaß der damaligen Armut und der harten Arbeit, mit der ihre Eltern aufwuchsen, unfassbar. Man hatte kaum genug zum Leben. „Ein bissl Kartoffeln und Gerste zum Suppekochen. Brot gab es nicht. Alles, was wir heute zu viel haben, hatten sie damals zu wenig", schildert Burgl Wolf.

Die Erzählungen ihrer Eltern und Großeltern ergriffen sie sehr. So auch die Berichte, dass Paare nur dann heiraten durften, wenn sie im Besitz von 1 Hektar Ackerland waren, auf dem Kartoffeln und Gerste angebaut werden konnten. Von einer kleineren Fläche hätte man keine Familie ernähren können. Ihr Großvater, der auch Bürgermeister war, berichtete davon, dass die Menschen seinerzeit gewildert, d. h. Gämsen und Hirsche gejagt haben, um ihren Hunger zu stillen. Bei einer solchen Überprüfung, zu der er gemeinsam mit dem Gendarm verpflichtet war, fanden sie unter der Stiege ein Fass mit eingelegtem Fleisch. Beim Verlassen des Hauses waren Bürgermeister und Gendarm sich einig: „Wir haben nichts gesehen."

Aber auch ihre eigene Kindheit und Jugend war sehr entbehrungsreich. Burgl Wolf wuchs in Steeg auf und arbeitete seit ihrem zehnten Lebensjahr jeden Sommer auf dem Älpele, die ihre Familie bewirtschaftete. „Ich bin auf dieser Alm aufgewachsen." Ihr Vater, der 4 Jahre im Krieg in Skandinavien und Frankreich dienen musste, war überzeugter Älpler. Mit den Kühen zog die Familie ab Mai auf die erste Hütte, das sogenannte Vorsäß auf ca. 1.400 Meter Höhe, im Anschluss auf das Mittelsäß ca. 1.800 Meter hoch und schließlich mit fortschreitender Vegetationsperiode auf das ca. 2.000 Meter gelegene Hochsäß. Anfangs führte die Straße noch nicht bis zur Alm, sodass der Weg dorthin zu Fuß und durch Pferde unterstützt bewältigt wurde. Wege und Seilbahnen, um den Transport zu erleichtern und vor allem um auch die Milch zur Sennerei ins Tal nach Steeg zu bringen, wurden erst später gebaut. Diesem glücklichen Umstand des Wegebaus ist es zu verdanken, dass die Steeger Sennerei bis heute erhalten geblieben ist. Alle anderen Sennereien wurden inzwischen geschlossen.

Kartenvergleich: Elbigenalp 1856/2018

Da sie jedes Jahr ab Mai auf der Alm half, besuchte sie 8 Jahre lang die Grundschule in Steeg. Obwohl sie nach 5 Jahren Grundschule gemeinsam mit 5 bis 6 anderen Mädchen für den Besuch der Hauptschule in Elbigenalp ausgewählt wurde, konnte sie diese – wie die anderen Mädchen auch – nicht besuchen. Einerseits konnten die Eltern auf deren Unterstützung nicht verzichten, andererseits konnten sie sich diesen Schulbesuch auch nicht leisten, denn Fahrgeld war ebenso wenig übrig wie Geld für Bücher oder die Suppe in der Schule. Gern wäre sie später Gärtnerin geworden, aber zumindest konnte sie als eine der wenigen ihres Jahrgangs im Alter von 16 Jahren die Landwirtschaftsschule besuchen. Ihre Schulkameradinnen dagegen gingen als Arbeiterinnen nach Warth oder Lech und haben dort ihr Leben gemeistert, sind aber keinesfalls verwöhnt worden.

„Ich bin der reichste Mensch der Welt!"

In ihrer Kindheit – so erinnert sie sich – wurde im ganzen Lechtal noch ausschließlich mit der Sense gemäht. Um die steilen Hänge oberhalb der Waldgrenze zu erreichen, war ein drei- bis vierstündiger Aufstieg erforderlich. Um den täglichen Auf- und Abstieg zu meiden, haben die Bauern oft die Nacht dort oben verbracht und sich dabei – je nach Schlafplatz – angebunden, um nicht im Schlaf den Hang hinabzukullern. Erst Ende der 1960er-Jahre kamen die ersten Motormäher zum Einsatz, nicht jedoch auf den steilen Hängen. Dort stellte man das Mähen bereits Ende der 1950er-Jahre nach und nach ein und die Wiesen verwilderten zunehmend. Wollte man diese Wiesen dann erneut mit Kühen beweiden, mochten diese das Gras aufgrund der fortgeschrittenen „Übersäuerung" nicht mehr fressen. Es dauerte Jahre, bis sie die Bergwiesen wieder annahmen.

Zu den eindrücklichsten Erlebnissen von Burgl Wolfs Kindheit auf der Alm gehörte ein heftiges Gewitter, das sie mit 12 Jahren erlebte. Ein Blitz schlug direkt neben der neuen Seilbahn durch die Stiege in den Stall ein, wo sie ihrer Mutter vis-à-vis beim Melken der Kühe saß. Die beiden neben ihr stehenden Kühe wurden vom Blitz getroffen und fielen tot um, alle anderen Kühe standen plötzlich samt dem Holz, an dem sie angebunden waren, vor dem Stall. Da sie ebenso wie die Eltern und die beiden jüngeren Geschwister völlig unversehrt blieben, glaubt Burgl Wolf seither an Engel. Der Vater schickte sie zur unterhalb gelegenen Alm, um Hilfe zu holen. Mit Unterstützung konnten dann alle Kühe wieder in den Stall gebracht werden. Das war an einem Samstag. Als der Vater am darauffolgenden Tag einen Blitzableiter befestigen wollte, schalt ihn die Mutter, dass man solche Arbeiten nicht an einem Sonntag verrichte. Abends zogen wieder Gewitterwolken auf und erneut schlug ein Blitz ein. Die Mutter reagierte prompt: „Auf diese Alm gehen wir nicht mehr." Danach installierte der Vater den Blitzableiter und seither ist nichts mehr passiert. Nach dem Blitzeinschlag war die Hütte regelrecht ausgebaucht und erforderte in der laufenden Almsaison zusätzliche Anstrengungen – in Form eines Neubaus inkl. Dachstuhl –, die bis zum Herbst abgeschlossen sein mussten. Blitzeinschläge waren also keine Seltenheit im Lechtal und wurden es auch nicht zwangsläufig mit dem Einzug der Technik, denn Burgl Wolf erinnert sich noch gut an einen Blitz, der in den metallenen Greifer einschlug, mit dem das Heu in den Stadl verladen wurde.

So wuchs Burgl Wolf mit ihren Eltern und Geschwistern in einfachsten Verhältnissen auf. Sie lebten von dem, was die Alm einbrachte. Bei aller Bescheidenheit aber reichten die Einkünfte aus der Almbewirtschaftung allein nicht aus, um das Überleben der Familie zu gewährleisten. Der Alminspektor, der die Bergbauern regelmäßig besuchte, gewährte Unterstützung durch die öffentliche Hand. So erfuhr Burgl Wolf einerseits, wie lebensnotwendig die Almen für die Menschen waren, wusste aber auch deren Bedeutung für die Artenvielfalt zu schätzen. „Ich habe schon früh gelernt, dass Wiesen, die nicht bewirtschaftet sind, zerstört werden durch ihre eigene Überdüngung." Die

Vegetation stirbt am Ende der Saison ab, es kommt zu einer Ansammlung der Pflanzenteile, was im Laufe der Zeit zu einer „Übersäuerung" des Bodens führt. Übrig bleiben nur die kurzlebigen Gräser mit flachen Wurzeln, die Vielfalt geht zurück. Will man also diese Vielfalt erhalten, setzt das eine extensive Nutzung der Wiesen voraus. Es könnte ja sein, dass man sie wieder braucht. Alle in der Familie waren darauf bedacht, den Boden zu schützen. Daher rührt auch ihr eigener starker Bezug zum Boden, denn dieser war zu jener Zeit einfach das „Grundlebensmittel". Sie sagt von sich selbst, sie sei einfach ein „Bodenmensch", und das drückt genau diese starke Verbindung aus.

Als Burgl Wolf mit 22 Jahren heiratete, war sie das erste Mal in ihrem Leben im Sommer nicht auf der Alm. Ihre jüngeren Geschwister unterstützten die Eltern nun. Aber die junge Ehefrau zog es bald mit ihren beiden eigenen Kindern wieder zum Arbeiten auf die Alm. Das war sie von klein auf gewohnt; mit diesen Arbeiten war sie vertraut. Für 10 Jahre betreute sie im Sommer die auf ca. 1.300 Metern gelegene Alpe Fallerschein. Sie ist bzw. war eines der größten Almdörfer der Alpen mit mehr als 40 Almhütten und war ursprünglich ganzjährig bewohnt, sie wurde später nur noch im Sommer bewirtschaftet. Heute existieren nur noch 2 bewirtschaftete Hütten, die anderen Häuser werden als Feriendomizile genutzt.

Wenn Burgl Wolf bei ihrer Arbeit morgens um 3 Uhr aufstand, um nach dem Jungvieh zu schauen, und dann den Sonnenaufgang in den Bergen erleben durfte, hatte sie das Gefühl: „Ich bin der reichste Mensch der Welt!" Und so haben auch ihre beiden Kinder die Berglandwirtschaft mit der Muttermilch aufgesogen.

Vom Berg zurück an den Lech. In den Lechauen war für die Pflanzen das Wasser des Flusses ganz entscheidend, da dessen jahreszeitlich stark schwankender Wasserstand untrennbar mit dem Grundwasserspiegel in den angrenzenden Auen korrespondierte. So konnten Tiefwurzler an das Grundwasser gelangen. Eine starke Wasserführung im

Bild: die Mahd mit der Sense wird im Lechtal nur noch auf kleinen Flächen ausgeübt; aus ökologischer Sicht ist die Sensenmahd jedoch nicht zu überbieten (Pfafflar)

tigten die Vitalität der Tiefwurzler, die sonst auch längere sommerliche Trockenphasen überstanden. Mit der späteren energetischen Nutzung war die eingeschränkte Kiesführung verbunden. Das Ausbleiben des aus den Seitentälern und zum Teil aus Muren stammenden Materials, auch „Futter des Lechs" genannt, war schwerwiegend für die Natur und den wertvollen Boden. Als dann die Kraftwerksbetreiber weitere Verbauungen planten und die „Zuflüsse aus dem Bschlaber, Gramaiser, Kaiser, Sulzl und Madau Tal in Strom verwandeln" wollten, regte sich Widerstand am Lech. Ein so massiver Eingriff in das System war für die Kraftwerksgegner unter Führung des Steeger Pfarrers Karlheinz Baumgartner absolut unbegreiflich. „Die Stromerzeugung ist schon wichtig, aber zuerst kommt die Lebensmittelerzeugung und dann der Rest," vertritt Burgl Wolf nachdrücklich ihre Ansicht als „Bodenmensch". Pfarrer Baumgartner berichtete von einer Begegnung mit einem Besucher aus der Schweiz, der ihm – am Lech stehend – ans Herz legte: „Ihr müsst aufpassen, dass ihr den Lech nicht verbaut! Wir haben den Fehler gemacht und müssen unsere verbauten Flüsse wieder zurückbauen." Diese Erfahrungen von anderen konnte Burgl Wolf gut mit den eigenen verknüpfen: Sie, ihre Eltern und Großeltern haben erfahren, was Armut bedeutet und daraus gelernt, wie wichtig es ist, auf das zu achten, was die eigene Lebensgrundlage sichert. Sie zitiert in diesem Zusammenhang oft ihre Mutter, die sagte: „Wer nicht fähig ist, aus der Vergangenheit zu lernen, bei dem wird sich die Vergangenheit wiederholen. Ganz gleich auf welche Art."

Lech bedeutet zugleich, dass der Grundwasserstand hoch ist, was die Widerstandsfähigkeit der Pflanzen stärkt. Burgl Wolf erkannte diese Zusammenhänge und verstand, „wie die Natur arbeitet". Sie schätzt den Lech daher ebenso wie den Boden als Teil des funktionierenden Gesamtsystems. Seine Dynamik sei unverzichtbar für das Überleben im Tal. Wenn sie über den Lech spricht, klingt es fast, als spräche sie von einem Lebewesen. So erzählt sie von dem großen Hochwasser 2005, das zahlreiche kleinere Brücken zerstörte. „Das war ein großer Tag für den Lech! Es war übergehender Mond. Der Lech hat sein Bett wieder aufgefüllt." Aus den Erzählungen ihrer Eltern und Großeltern weiß sie, dass schon in den 1920er-Jahren damit begonnen wurde, den Lech mit Buhnen zu verbauen, um kostbares Land vor dem Verlust zu bewahren. Das ist für sie durchaus nachvollziehbar. Zudem bot der Buhnenbau die einzige alternative Verdienstmöglichkeit. Dem Vorteil des Erhalts von Grund und Boden stand aber der Nachteil einer verstärkten Tiefenerosion gegenüber. Die damit verbundenen sinkenden Grundwasserstände beeinträch-

Die Kraftwerksgegner trafen sich etwa monatlich und brachten ihre Ansichten in der Lokalpresse zur Geltung.

Bild: Blick hinüber zu Burgls „Revier" rund um die Hermann-von-Barth-Hütte 2.131 m, eingerahmt vom großen Krottenkopf 2.656 m und der Noppenspitze 2.594 m

Im Gegensatz zu engagierten Lehrern, die mit detailreichen Sachargumenten zu überzeugen versuchten, vertraute Burgl Wolf stets auf den gesunden Menschenverstand und war mit „ihrem Bodenschutz“ besonders aktiv. Dennoch war auch sie nie zufrieden mit dem, was sie wusste und gelernt hatte. Dem Pfarrer, der – so schien ihr – wie sie für das Lechtal lebte, fühlte sie sich eng verbunden. Sie waren „ein Herz und eine Seele“ und verstanden sich ohne viele Worte. Ihre Bemühungen waren schließlich auch von Erfolg gekrönt: In Tirol blieb der Lech naturnah erhalten. Ihre beiden damals 14- und 16-jährigen Kinder mussten seinerzeit so manchen Spott über ihre unerschrockene Mutter ertragen.

Das aber hat den Bezug der Kinder zur Landwirtschaft keinesfalls beeinträchtigt. Ihr Sohn Simon, der die Almwirtschaft von Kindheit an miterlebte, schloss sein Studium an der BoKu Wien als Diplomingenieur für Landwirtschaft ab, führt als Bergbauer aus Leidenschaft einen eigenen Hof im Tiroler Inntal und arbeitet als Produktentwickler der Genossenschaft Bioalpin bzw. der Tiroler Marke „Bio vom Berg“. Dabei handelt es sich um die einzige unabhängige Erzeugermarke Mitteleuropas, deren Markenführerschaft nach wie vor in den Händen der Produzenten liegt. Oberstes Ziel ist es, ein qualitativ hochwertiges und breites Sortiment an regionalen Bioprodukten anzubieten, um dadurch den Erhalt der kleinstrukturierten Tiroler Berglandwirtschaft zu fördern und einen Beitrag zum Erhalt der unvergleichlichen alpinen Kulturlandschaft zu leisten. Jüngstes Projekt ihres Sohnes ist die Vermarktung der Lämmer aus dem Lechtal unter der Marke „Bio vom Berg“. Dabei erfährt er Unterstützung durch seinen Vater, der es als gelernter Metzger versteht, Lammfleisch hochwertig zu verarbeiten und gut zu vermarkten. Das hat zu einem inzwischen wieder gestiegenen Ansehen von Produkten aus Schaffleisch geführt und es gleicht die früher vorherrschende Ablehnung aus, als niemand mehr Schaffleisch essen wollte, weil nur alte „bockelnde“ Tiere geschlachtet wurden. Die gestiegene Wertschätzung hat zu einem sachten Aufschwung der Schafhaltung im Lechtal geführt. Gab es vor 10 bis 15 Jahren in Elbigenalp nur noch 100 Schafe in den Bergen, sind es jetzt 400, allein in Häselgehr 300. Gerade am Tag unseres Gesprächs mit Burgl Wolf sind Vater und Sohn gemeinsam im unteren Inntal unterwegs. Dort hat der Sohn einen Metzger gefunden, an den der Vater seine 30-jährige Erfahrung weitergeben kann. Sie hoffen sowohl im Inn- als auch im Lechtal auf weiteren Zuwachs an Bauern, die Schafe halten. Und Burgl Wolf ist durchaus zuversichtlich: „Ich spüre es grad bei den großen Bauern, dass sie ein bisschen ‚grün‘ werden.“

„Ich spüre es grad bei den großen Bauern, dass sie ein bisschen ‚grün‘ werden.“

Einer Nachbarin, die sie fragte, warum sie denn mit ihren 71 Jahren immer noch arbeite, erklärte sie, dass es die Arbeit ist, die ihrem Leben einen Sinn gibt. Und sie selbst führt diese Arbeit auch mit allen Sinnen aus. Im Spazierengehen dagegen sieht sie keinen Lebenssinn. „Ich habe das Glück gehabt, das tun zu können, was ich gern gemocht habe. Das ganz normale Leben, nichts Besonderes.“ Sie empfindet Dankbarkeit dafür, mit der Natur zu arbeiten und von ihr zu leben. Das macht sie zu einer Naturschützerin der besonderen Art und unterscheidet sie von den „Naturschützern, die nur für die Natur sind“. Eine naturschutzfachlich begründete Wiesenmahd im August lehnt sie ab: „Das geht nicht. Das Tier muss ja noch leben, von dem, was es frisst. Und wenn alles schon vertrocknet ist – mehr Streu als Heu – dann reicht das für die Tiere nicht.“

Aus dieser Aussage wird zweierlei klar: Der unverzichtbare Blick aufs Ganze und die Tatsache, dass es zu einem glücklichen Leben nicht besonders viel braucht.

Aufgeschrieben von Lisa Wenzel, Lisa Maier,
Valeska Steinert und Uta Steinhardt

Immer hat es mit dem Fluss zu tun!

Helmut Friedle, Häselgehr

Helmut Friedle

Lehrer, Gründer der Lechtaler Wildwasserschule,
Umweltaktivist
Jahrgang 1951
geboren und aufgewachsen in Häselgehr

Sein angelnder Vater hat ihm den Lech in einer sehr positiven Weise nahegebracht – nicht wie bei den anderen Kindern als gefährlich mit dem blutrünstigen Bluatschink, der Angst und Schrecken verbreitet. Helmut Friedle hat mit 10 Jahren in seinem Fluss eigenständig schwimmen gelernt und war bereits mit 14 Jahren von dem Gedanken erfüllt, auf dem Lech zu paddeln. Im Alter von 35 Jahren gründete er die Lechtaler Wildwasserschule. Der Erhalt des wilden Lechs ist ihm eine Herzensangelegenheit, weshalb er schon 1980 mit Gleichgesinnten den Arbeitskreis Lebensraum Lechtal e. V. gründete, um die energetische Nutzung und somit die Zerstörung der Wildflusslandschaft zu verhindern.

Bild Doppelseite: Blick unter die Oberfläche – der Lech bei Forchach
oben: Helmut Friedle als „junger Wilder“ im Kajak auf dem Lech
rechts: er liebt „Herzsteine“ – Helmut Friedle am Lechufer, 2018

Heselgehr
Heselgehr
Heselgehr
Weiler Unterschönau
Weiler Luxnach
Weiler Unternach
Obern Feld
Am langen Weg
Am langen Weg
Unterm Rain
Schönauer Feld
Weiler Ort
In der Aue
Hochwald
Seitenwald
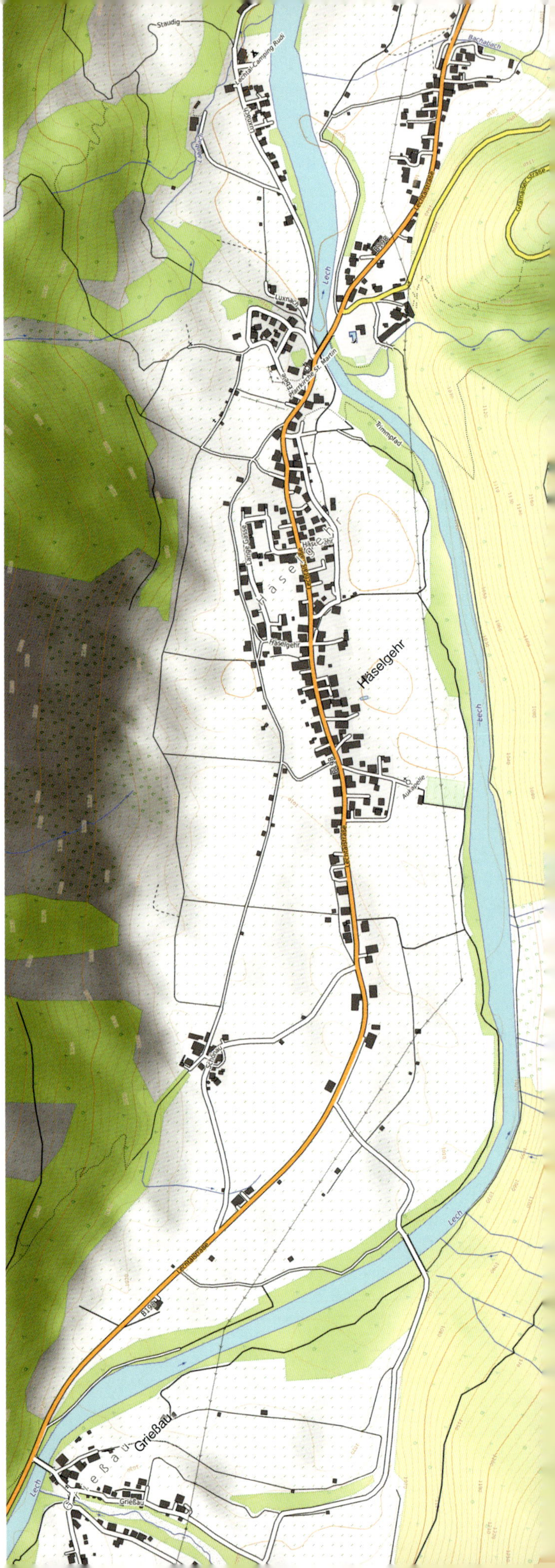
Häselgehr
Grießau
Lech
Lech
Lech
Luxnach
Staudig
Bachatlach
Trimmpfad
Haselgehr
Aukapelle

Es ging einst die Geschichte des im Lech hausenden Ungeheuers Bluatschink um, der den Kindern Angst einjagen und sie vom Lech fernhalten sollte. Gefährlich und wild, wie der Tiroler Lech bei Hochwasser sein konnte, ertranken auch manchmal Kinder in seinen Fluten. Jedes Kind hatte ein anderes Bild vom Bluatschink, was die Angst vermutlich noch weiter schürte. Zum Glück war der Vater von Helmut Friedle ein begeisterter Angler, der den Jungen von klein auf mit an den Fluss nahm. Die lebend gefangenen Forellen wurden dann in einem Käfig im Bach neben dem Wohnhaus der Familie bis zum Verzehr aufbewahrt. So machte er schon früh Bekanntschaft mit dem Lech und gehörte zu denjenigen, die „definitiv keine Angst" vor dem Ungeheuer hatten. Die Geschichten der Erwachsenen verfehlten ihre Wirkung bei ihm. Der Bub fühlte sich dem Fluss verbunden und zwischen ihn und den Lech passte kein Blatt Papier. Als er seine spätere Frau, die er während seiner Ausbildung in Innsbruck kennenlernte, zum ersten Mal mit nach Hause nahm, verbrachten sie den ganzen Tag am Lech. Auch sie kann sich der Faszination durch diesen Fluss nicht entziehen. Und so wuchsen ihre 4 Kinder selbstverständlich hier auf und leben bis heute im Lechtal.

Eine lange Geschichte verbindet die Familie Friedle mit Häselgehr, weshalb sich Helmut Friedle schmunzelnd als „indigen" bezeichnet. „Ich war immer schon, auch als kleiner Junge, am Lech mit Freunden oder auch allein." Selbstverständlich hat er auch im Alter von ungefähr 10 Jahren das Schwimmen im Lech gelernt. Klar war das gefährlich, aber dadurch hat er seinen eigenen Schwimmstil mit schnellen, hektischen Zügen gegen die Kälte des Wassers entwickelt. Mit Freunden bastelte er in den Seitenarmen Verbauungen und Steinburgen. Sie spielten ausgelassen, wie es Kinder in diesem Alter eben tun.

Ganz logisch war für Helmut Friedle dann auch das Kajakfahren. Obwohl die Tiroler das wunderbare Wildwasser direkt vor der Haustür hatten, war er einer der wenigen, die diese Gelegenheit nutzten. Mit 14 Jahren entdeckte er diese Leidenschaft für sich. Als er Anfang der 1980er-Jahre in Frankreich erstmals Rafting kennenlernte, war sein Gedanke: „Das könnte man hier auch machen." 1986 eröffnete er seine eigene Wildwasserschule – selbstverständlich in Häselgehr am Lech. Alles, was mit Wildwasser zu tun hat, wird dort praktiziert. Auch wenn der heute 67-Jährige bereits vor 20 Jahren den Betrieb seinem Sohn übergab, kann und will er es immer noch nicht lassen. Als Bootsführer leitet er selbst noch rund 20 Touren pro Jahr. Einheimische wie auch Touristen sind begeistert von der einmaligen Chance, einen nahezu naturbelassenen Wildfluss mit allen Sinnen erfahren zu können. Viele waren gefesselt davon, die Kraft eines ungebändigten Flusses so intensiv zu erleben. So trug Helmut Friedle dazu bei, dass die Menschen nicht mit vergeblichen Kräften versuchten, stromaufwärts zu kommen, sondern er brachte ihnen bei, stromabwärts die Kraft des Flusses für sich zu nutzen.

Als einer der Ersten in Tirol und in ganz Österreich setzte er sich für eine fundierte Ausbildung der Bootsführer ein, um für mehr Sicherheit zu sorgen. Er war auch ein Pionier, als es um die Gründung eines Raftingverbandes ging, um den „teilweise verantwortungslosen Goldgräbertypen" nicht das Feld zu überlassen und die Wildwasserbranche in geordnete Bahnen zu lenken. Als Obmann des Verbandes sorgte er dafür, dass die Bootsführerausbildung nun auf höchstem Niveau durchgeführt wird und mit einer staatlichen Prüfung abschließt. Seither sind kaum mehr nennenswerte Unfälle vorgekommen. Der stolze Vater lässt auch nicht unerwähnt, dass eine seiner Töchter mit 18 Jahren diese Ausbildung als Jüngste in Österreich erfolgreich absolviert hat und auch die zwei Schwiegersöhne als familieninterne Aushilfskräfte bei Bedarf als Bootsführer zur Verfügung stehen.

Trotz aller Leidenschaft für den Lech, die er gern mit anderen teilt, packte Helmut Friedle dann auch mal die Neugier. So befuhr er viele Flüsse in Europa und Kanada, aber auch der legendäre Grand Canyon war dabei. Auf die Frage, welcher sein Lieblingsfluss sei, kommt wie aus der

Kartenvergleich: Häselgehr 1856/2018

Pistole geschossen: „der Lech". Im Schwierigkeitsgrad sei dieser zwar nicht so anspruchsvoll, für ihn aber immer wieder aufs Neue spannend. Und das, obwohl er fast „jeden Stein" kenne bei seinen Touren auf dem Lech.

Helmut Friedle reduziert den Lech aber keinesfalls auf die bloße Rolle als Kulisse für seine sportlichen Ambitionen oder gar zum Sportgerät selbst. Im Gegenteil: Der Erhalt dieser naturnahen Flusslandschaft ist ihm eine Herzensangelegenheit. Seine Naturschutzarbeit am Tiroler Lech begann, als seine Mitstreiter und er von den Bauplänen für mehr als 20 Sohlschwellen Wind bekamen. An der bereits existierenden Sohlschwelle bei der Ulrichsbrücke vor Füssen konnte man die damit verbundenen Wirkungen klar erkennen: Der Fluss wird verengt, verbaut und vor der Sohlschwelle beruhigt. „Er wird seiner Dynamik beraubt." Und das war bzw. ist nicht nur in den Augen des begeisterten Wassersportlers untragbar.

„Der Lech war der größte und reichste ‚Grundbesitzer' im Tal."

Helmut Friedle erzählt, dass es nur der Indiskretion eines Beamten geschuldet war, rechtzeitig von dem Vorhaben zu erfahren. Von Hand skizziert gelangte diese wertvolle Nachricht gemeinsam mit den in der Schublade des Elektrizitätswerkes Reutte schlummernden Plänen für einen weiteren Ausbau der energetischen Nutzung des Lechs an den neu gegründeten Arbeitskreis Lebensraum Lechtal (ALL). Dessen Hauptanliegen war es, das Flusssystem mit seinen naturnahen, artenreichen Auen und Nebenflüssen unter Schutz zu stellen. Nun wurde anknüpfend an die ersten wenigen Informationen intensiv weiterrecherchiert. Dabei war Helmut Friedle durchaus erfinderisch und ließ sich „undercover" beim Besuch des Kraftwerks in Reutte mit einer Schulklasse vom Kraftwerksbetreiber die Daten zur Stromerzeugung, über die stolz berichtet wurde, aushändigen. Aus den gesammelten Fakten erstellten sie eine Broschüre und verteilten sie an alle Haushalte im Tal. Das entfachte eine heftige Diskussion, bei der sich u. a. herausstellte, dass die Bürgermeister der Gemeinden entweder gar nicht oder falsch informiert worden waren. Die Elektrizitätswirtschaft musste infolgedessen Farbe bekennen und mit der Wahrheit herausrücken.

Der ALL leistete eine hervorragende Öffentlichkeitsarbeit, veranstaltete Podiumsdiskussionen mit erstklassigen Fachleuten und fand auch Unterstützung durch die lokale Außerferner Zeitung. Deren damalige Chefredakteurin wurde daraufhin ihres Amtes enthoben, aber der ALL ließ sich nicht entmutigen und forcierte die Information der Bevölkerung über andere Medien. Gegen den Bau einer 110-kV-Leitung durch das Tal, die die bestehende und durchaus die Versorgungssicherheit gewährleistende 25-kV-Leitung ersetzen sollte, sammelte der Arbeitskreis mehr als 10.000 Unterschriften. So kamen die vom E-Werk Reutte zwar öffentlich geleugneten, aber bereits bei der Behörde zur Genehmigung eingereichten Pläne eines Kraftwerksprojektes am Streimbach unterhalb des Hahntennjochs ans Licht. Im Widerstreit mit dem übermächtigen E-Werk Reutte reichten die Gemeinden Häselgehr und Elmen Pläne für eigene Kraftwerksprojekte ein, die dazu führten, dass der Baubeginn zunächst erheblich verzögert und schließlich gänzlich abgesagt wurde. Bei einer Volksbefragung in der Gemeinde Pfafflar stimmten 21 Haushalte für und ebenso viele gegen die Kraftwerkspläne. Es ging das Gerücht um, dass bei Zustimmung den Haushalten die Zahlung der Anschlussgebühr für die Kanalisation in Aussicht gestellt wurde. Da die Pläne aber keine Mehrheit fanden, war das erste Kraftwerksprojekt in den Seitentälern des Lechs gestorben.

So errang der ALL eine angesehene Position im Tal und wurde schließlich als Partner an der Erarbeitung der Lechtalstudie beteiligt. Unterstützung kam auch von au-

ßen: Der WWF, der erst mit viel Überredungskünsten einer Einladung an den Tiroler Lech folgte und dann aber von dieser Wildflusslandschaft ebenso überrascht wie begeistert war, produzierte eine professionelle Ton-Bild-Schau, die er dem ALL für seine Öffentlichkeitsarbeit zur Verfügung stellte. Fachlich fundierte Rückendeckung gab es auch vom Schweizer Flussbauer Ottomar Lang, der in seiner Heimat umfangreiche Renaturierungsmaßnahmen geplant und umgesetzt hatte. Er warnte davor, Fehler, die vor langer Zeit an Schweizer Flüssen begangen wurden und nun teuer korrigiert werden müssten, am Tiroler Lech zu wiederholen.

Ohne das außergewöhnliche Engagement dieses Arbeitskreises, dem Helmut Friedle in den ersten Jahren als Obmann vorstand, sähe der Tiroler Lech wahrscheinlich nicht so aus, wie man ihn heute noch bewundern kann. Das Lechtal ist inzwischen weit über die Grenzen hinaus als naturnaher Raum bekannt, und zurecht kann der Lech als der „kleine Bruder des Tagliamento" bezeichnet werden. Auch wenn die ursprüngliche Idee des ALL, am Tiroler Lech einen Nationalpark auszuweisen, nicht realisiert wurde, ist Helmut Friedle zufrieden mit der Ernennung zum Natura-2000-Gebiet, dem von 2001 bis 2007 laufenden EU-LIFE-Naturschutzprojekt „Wildflusslandschaft Tiroler Lech" (hier wurden 7,78 Millionen Euro investiert, um 53 Naturschutzmaßnahmen umzusetzen) und nicht zuletzt mit der Ausweisung des Tiroler Lechs als Naturpark im Jahr 2004. So ist inzwischen vieles von dem Realität geworden, was er und seine Mitstreiter sich seinerzeit erträumten: der Bau eines Naturparkhauses, Führungen und Schulungen, die Ausbildung von mehr als

Bild: in der Lechschlucht bei Warth

50 aktiven Kräuterpädagoginnen – zu denen auch seine Frau gehört.

Dass die Naturschutzpläne nicht bei allen Bewohnern im Tiroler Lechtal auf uneingeschränkte Zustimmung stießen, lag gewiss auch daran, dass die Menschen angesichts der wiederholten Hochwasser Angst um ihr Hab und Gut hatten. „Der Lech war der größte und reichste ‚Grundbesitzer' im Tal." Mit diesen Worten beschreibt Helmut Friedle die mit dem Fluss verbundene Dynamik, die dazu führte, dass Menschen in den Fluten ertranken und die Anwohner daher regelrecht Angst vor dem Fluss hatten bzw. ihn als Feind betrachteten. Auch er hat natürlich Verständnis für das Interesse der Bauern an Flächensicherung und Flächengewinn. Dank der unermüdlichen Aufklärungsarbeit des ALL verhehlen die wenigsten Bewohner ihren Stolz auf die Naturnähe. Wenn dann noch ein Bauer aus Häselgehr in einem Interview des ORF auf die Frage, was er sich zum neuen Jahr wünsche, antwortet: „Ich wünsch mir, dass der Lech in seinem Zustand erhalten bleibt und nicht weiter zerstört wird", dann könnte dieser sich mit dem Gefühl, alles richtig gemacht zu haben, entspannt zurücklehnen.

Aber genau das tut Helmut Friedle nicht, sondern er bleibt wachsam. Er rechnet durchaus damit, dass sich die Elektrizitätswirtschaft nicht so leicht geschlagen gibt und vielleicht doch bei günstiger Gelegenheit neue Pläne auf den Tisch legt. Skeptisch blickt er auch auf

Bild: auf dem Lech bei Häselgehr, aus der Perspektive eines Kanuten

die Wasserbauer, die zumeist nur technische Lösungen im Kopf haben, und zweifelt, ob diese der Natur gerecht werden können. „Sicher kann man nie sein."

Als Mitglied der Tiroler Bergwacht, die anders als in Deutschland ihre Hauptaufgabe nicht in der Lebensrettung, sondern im Natur- und Umweltschutz hat, organisiert Helmut Friedle seit Jahrzehnten Frühjahrsputz-Aktionen und freut sich, dass der Müll von Jahr zu Jahr weniger wird, weil nicht nur die Mitglieder der Bergwacht selbst an diesen Aktionen beteiligt sind, sondern mehr als 40 Leute aus der Gemeinde. Wenn aus jeder Familie nur einer teilnimmt, erzeugt dies auf die Dauer eine große Breitenwirkung. Und so sind auch die Zeiten, in denen Edelweißbestände vor der Ausrottung bewahrt werden mussten, glücklicherweise vorbei. Heute widmet sich die Bergwacht der Erhaltung von Wegen und deren Markierungen. Dieses vom Vater übernommene Verantwortungsbewusstsein hat er ebenso an seine Kinder weitergegeben wie das Wissen und die Begeisterung für die Natur.

Schließlich würdigt er auch das Verständnis und den Einsatz seiner Frau für die Familie. Ohne sie hätte er niemals so viel erreichen können für die Region. Eine Familie, die sich sehr einsetzt für ihre Heimat. Und „immer hat es mit dem Fluss zu tun".

Aufgeschrieben von Lola Scholz, Henriette Brune und Sarah Plotzky

Ich hab schon immer »Förstner« werden wollen

Martin Wehrmeister, Häselgehr

Martin Wehrmeister

ehemaliger Waldaufseher der Gemeinde Häselgehr
Jahrgang 1940
geboren und aufgewachsen in Häselgehr

Im Lech bei Häselgehr trieb zu Kindheitszeiten der Bluatschink sein Unwesen und Martin Wehrmeister hielt sich damals meist von dem reißenden Fluss fern. Er entwickelte auf seinen Streifzügen eine enge Verbindung zu den Wäldern des Lechtals. Die harte Arbeit, aus seiner Jugend gewohnt, begeisterte ihn für die vielfältigen Tätigkeiten der Lawinen- und Wildbachverbauung. Auch als Hirte, Landwirt und Waldaufseher gestaltete er die Landschaft des Tiroler Lechtals mit.

Mit seiner Frau immer an der Seite und den beiden folgenden Generationen im Haus lebt er idyllisch unter Apfelbäumen in bedächtiger Entfernung zum Lechufer und heutzutage würde man sagen: „Der hat aber 'nen kleinen ökologischen Fußabdruck.“

Bild Doppelseite: im Bergwald bei Häselgehr
oben: der „Wildschütz“ Martin Wehrmeister, 1953
rechts: Martin und Monika Wehrmeister auf ihrem heimischen Grundstück, 2018

Behmwald
Weiler Rauchwand
Rauchwander Felder
Rauth
Gutschauer Felder
Weiler Gutschau
Weiler Allach
Allach
Ferchen
Rinnen
Staudach
Brül
Weiler Luxnach
Seitenwald
Hochwald
Dosenwald
Obern Feld
Heselgehr
Lerchenwald
Am langen Weg
Untern Rain
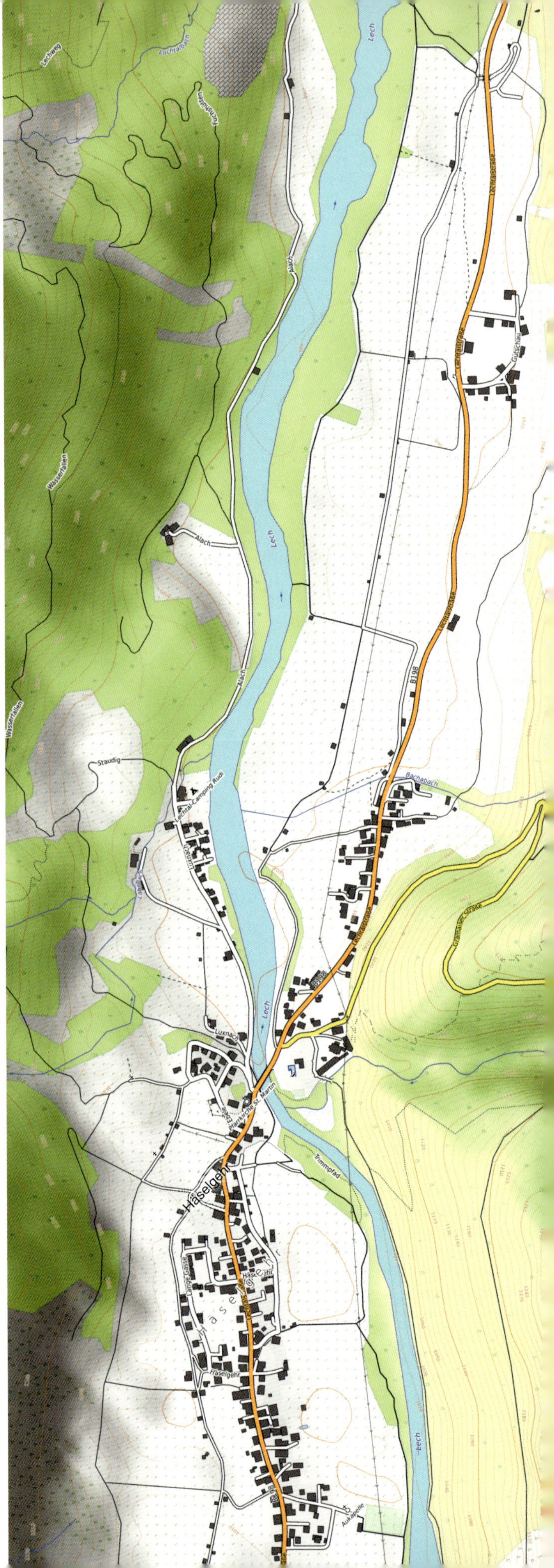
Lech
Alach
Staudig
Luxnach
B198
Trimmpfad
Häselgehr

Zwei Häuser stehen etwas außerhalb des Dorfes Häselgehr am Waldrand, umgeben von prächtigen Obstbäumen. In einem dieser Häuser wohnt Martin Wehrmeister mit seiner Frau sowie dem Sohn und dessen Familie. Seit mehr als 100 Jahren ist das Haus im Besitz der Familie. Seine Großmutter kaufte es von der Vorbesitzerin, deren Mann im Kriegsjahr 1914 gefallen war. Wegen der Abgeschiedenheit und der winterlichen Schneelage wollte sie nicht länger allein dort leben.

In diesem Haus erblickte Martin Wehrmeister 1940 das Licht der Welt und wuchs gemeinsam mit seinen 3 Geschwistern auf. Der Vater war als Soldat im Krieg, sodass sein erstgeborener Sohn in ausschließlich weiblicher Obhut bei Großmutter, Mutter und Tante mit den 2 Schwestern aufwuchs. Später folgte dann noch ein jüngerer Bruder. Über den Lech sagte die Mutter: „Dort hast du nichts verloren!" Und sie erzählte ihm vom Bluatschink, jenem unheimlichen Fabelwesen, das im Lech sitzt, unvorsichtige Kinder ins Wasser zieht und mit Haut und Haaren verschlingt. Da suchte sich der Junge seine Spielplätze lieber an anderer Stelle, am Berg oder im Wald. Am liebsten jedoch baute er sein Wasserrädle in den oberhalb des Hauses entspringenden Bach, der unterirdisch mit dem bekannten Doser Wasserfall verbunden ist.

In den letzten Kriegstagen überschattete ein Tiefflieger im wahrsten Sinne des Wortes die Wiesen am Haus, was die Mutter umgehend dazu veranlasste, mit den Kindern in den nahe gelegenen Wald zu flüchten. Dort trafen sie auf einen Landser, der sie dazu bewegte, wieder umzukehren und am Haus eine weiße Flagge zu hissen. Dann würde ihnen nichts passieren. Diese kurze Flucht in den als „Umbruch" bezeichneten letzten Kriegstagen zählt Martin Wehrmeister zu seinen prägendsten Kindheitserinnerungen.

Überraschend überlebte der Vater Stalingrad und als er im Juni 1945 nach Hause zurückkehrte, war er für den Jungen ein völlig Fremder. Letzterer war ihm nicht nur gleichgültig, sondern flößte ihm regelrecht Angst ein. Die Nachkriegszeit hat Martin Wehrmeister als „nicht rosig" in Erinnerung, betont jedoch dabei, dass sie keinen Hunger litten, dafür aber ordentlich schaffen mussten. Die unmittelbar am Haus gelegenen Flächen reichten für die Versorgung der Familie nicht aus, sodass zusätzliche Flächen in den steilen Ungunstlagen der Hänge hinzugepachtet werden mussten. Bei der Mahd dieser Flächen musste der dann achtjährige Bub mit anpacken. An die mühselige Arbeit erinnert er sich bis heute – auch dank der zahlreichen Fotos, die sich noch in seinem Besitz befinden. Beschwerlich war nicht nur die Arbeit mit der Sense in den steilen Hanglagen, auch der Heuzug vor dem ersten Schnee im Herbst, bei dem die gesamte Ernte des Jahres zu Tal gebracht wurde, erforderte große Anstrengungen.

Im Zusammenhang mit seiner ersten Berufswahl überlegte der junge Martin Wehrmeister, die Schnitzschule in Elbigenalp zu besuchen. Diese Option verwarf er bald, weil er zu Hause bei der elterlichen Landwirtschaft gebraucht wurde. Glücklicherweise bekam er dann im Alter von 15 Jahren seine erste Arbeitsstelle zur Mithilfe als Waldvermesser und Bodenbeprober. Ab 1957 war er mit großer Begeisterung im Bereich der Lawinen- und Wildbachverbauung am Häselgehrer Heuberg tätig. Die Erinnerung an die zerstörerische Kraft der Lawine, die 1951 am Heuberg abging, hat ihn dazu motiviert, solch verheerende Schäden in Zukunft zu vermindern.

Später arbeitete er für 7 Jahre als Hirte im Haglertal und dessen Karen, wo er zunächst die 40 Stück Jungvieh der Fraktion Unterhäselgehr sowie ca. 300 Schafe der gesamten Bauern von Häselgehr hütete. Auf die strikte Trennung von Schafen und Rindern zu achten, war eine der Aufgaben des Hirten. Den Rindern blieben die besseren Futterflächen vorbehalten, sie weideten aber durchaus auch in den Lechauen, die jedoch so viel nicht hergaben. Der Hirte hatte also darauf zu achten, dass die Schafe

Kartenvergleich: Häselgehr 1856/2018

nicht auf die „Brandle" – den Viehweideboden der Rinder – gingen. Ohne die Unterstützung von Hütehunden war dies durchaus eine Herausforderung. Aber Schafe sind lernfähige Tiere und wenn er stets am 23. April mit ihnen loszog, wussten die älteren Tiere: Es geht erst in den Wald und dann auf die Alm mit den frischen Kräutern. Da er beobachtete, dass die Almflächen zunehmend verkarsteten, also die Vegetation immer spärlicher wurde, stellte man die Rinderbeweidung in den Karen der Hochalmen bald ein. Den beobachteten Bodenverlust beschreibt er mit den Worten: „Erde hat's noch nie geregnet, aber weggeschwemmt."

„Erde hat's noch nie geregnet, aber weggeschwemmt."

Zum eigenen Hof gehörten seinerzeit in den ersten Jahren nach dem Krieg 2 Kühe und deren Kälber, später bis zu 4 Kühe mit Nachwuchs, die bis 2012 bei den Wehrmeisters im Stall und auf der Weide standen. Deren Milch haben sie nicht selbst zu Käse verarbeitet, sondern an die Sennerei im Ort und später nach Reutte geliefert. Die Arbeit auf dem Hof haben Martin Wehrmeister und seine Frau stets gemeinsam verrichtet. Kennengelernt hat er die Lechtalerin aus Bach mit 24 Jahren beim Tanz zur Fasnacht. „Wer mit Vieh groß geworden ist, kann nicht so leicht davon lassen", sagt sie mit Verweis auf die 11 Mutterschafe und 12 Lämmer, die noch heute im Stall stehen. „Die Landschaft muss ja gepflegt werden. Und heut wächst alles zu." Inmitten der verbuschten Flächen verweisen nur noch die Zäune auf die einstigen Weideflächen.

Aber Landwirtschaft hat Martin Wehrmeister stets im Nebenerwerb betrieben. Um allein davon leben zu können, hat es nicht gereicht. Schon auf dem Schulentlassungszeugnis gab der Junge als Berufswunsch an, er wolle Jäger oder „Förstner" werden. Dieser Wunsch ging in Erfüllung, als er sich Anfang der 1970er-Jahre auf den Posten des Waldaufsehers der Gemeinde Häselgehr bewarb und tatsächlich unter 9 Bewerbern ausgewählt wurde. 33 Jahre lang – bis zu seiner Pensionierung – war er u. a. für Holzeinschlag, Aufforstung und den Bau von mehr als 30 Kilometern Waldwegen zuständig.

Die Hochwasser des Lechs haben das Grundstück der Wehrmeisters selbst nicht erreicht, aber deren zerstörende Kraft ist in ihren Erinnerungen verankert. Besonders beeindruckend war für sie das Hochwasser 2005, das sie als das bislang stärkste erlebt haben. Bei dem hat sich ein angeschwemmter Baumstamm hinter einem riesigen Felsbrocken zunächst am Ufer nahe der Lechbrücke – ursprünglich die erste Querung nach der Quelle des Lechs – verkeilt und hat mit der Hebelwirkung diesen Stein aus dem Ufer gerissen, sodass der Lech die dahinter liegenden lockeren Materialien mühelos mit sich reißen konnte.

Die Wehrmeisters gehören zu den Befürwortern der Wasserkraftnutzung für die Energiegewinnung: „Es ist idealer, wenn man Strom aus Wasser macht, statt aus Atom oder Kohle." Die Seitentäler, wie das des Bschlaber Bachs oder des Gramaiser Bachs, „in die ja sonst keiner reinkommt", seien dafür gut geeignet. Diese Position hat Martin Wehrmeister auch 18 Jahre lang als Gemeinderat vertreten.

Strom und Wasser im Haus zu haben, schätzen die beiden Wehrmeisters bis heute, da sie als Kinder noch auf die Toilette im Stall gegangen sind und das Wasser aus dem Brunnen geholt haben. Geprägt durch diese Erfahrungen ist für sie völlig unverständlich, warum in der heutigen „Neidgesellschaft" alten oder bestehenden Dingen so wenig Wert beigemessen, so viel weggeworfen oder gar abgerissen wird. Sie selbst haben gezeigt, dass man auch ein mehr als hundertjähriges Haus modernisieren und heute komfortabel darin wohnen kann. Martin Wehrmeister erinnert sich genau an das eine Paar flügelgenagelter Schuhe, das er als Kind sowohl zur Erstkommunion in der Kirche

als auch zum Heumachen trug. Zwar gesteht er dem Menschen durchaus mehr als ein Paar Schuhe zu, aber mehr als 10 Paar sind für ihn befremdlich.

Der Name Wehrmeister übrigens ist ein deutscher Name, den seine Großmutter aus Kempten im Allgäu an den Tiroler Lech mitgebracht hat. Für sie war das Lechtal als Handelsweg wichtig, um Stoffe – Allgäuer Leinen – und später auch Kurzwaren verkaufen zu können. Selbst gepressten Apfelsaft, mit dem auch wir bei unserem Besuch bewirtet wurden, wird es bei den Wehrmeisters hoffentlich auch in den kommenden Jahren geben. Denn die 3 Generationen, die unter einem Dach wohnen, lernen voneinander. Im Vertrauen auf das Erfahrungswissen der vorhergehenden Generationen könnte dieser Platz auch den Kindern und Enkeln ein gelingendes Leben ermöglichen.

Aufgeschrieben von Dorit Protze, Joscha Kuhlmann und Uta Steinhardt

Bild: „Kinderarbeit" hat viele Facetten: Martin Wehrmeister (Mitte) mit seinen 3 Geschwistern beim Käsen, um 1950

Es ist besser, einfacher zu leben!

Margret Feineler-Salvenmoser, Rieden/Ehenbichl

Margret Feineler-Salvenmoser

Lehrerin an der Volksschule
Jahrgang 1927
geboren und aufgewachsen in Rieden/Ehenbichl

Die Lehrerin und Mutter hat in ihren bisherigen 91 Lebensjahren viel miterlebt. Ihre Kindheit war geprägt von der harten Arbeit am elterlichen Hof. Dennoch wurde auf ihre Schulbildung Wert gelegt. Nach einigen Jahren fernab der Heimat zog es sie mit ihrem Mann wieder ins Lechtal, wo sie vielen Kindern zur Schulbildung verhalf – auch wenn (oder gerade weil?) sie manchmal etwas streng gewesen sein soll. Der Lech und die Arbeiten, welche damit verbunden waren, haben ihre Familie geprägt und teilweise auch mit dem nötigen Geld versorgt. Auch der Zweite Weltkrieg ist ihr immer noch im Sinn und sie hofft, dass sich so etwas nicht nochmals wiederholt. „Man könnte ja aus der Geschichte lernen", gibt sie zu bedenken und blickt sorgenvoll auf das Ergebnis der letzten Wahlen und die politischen Entwicklungen in Europa.

Bild Doppelseite: Blick auf die Kiesbänke des Lechs bei Rieden – der Ort liegt im Wald in der Bildmitte versteckt, 2017
oben: Margret Feineler in der ersten Klasse (3. Schülerin von rechts, vor der Türe), 1933
rechts: noch immer pflegt sie eigenhändig ihren Garten am Haus in Rieden, 2018

Weißenbach

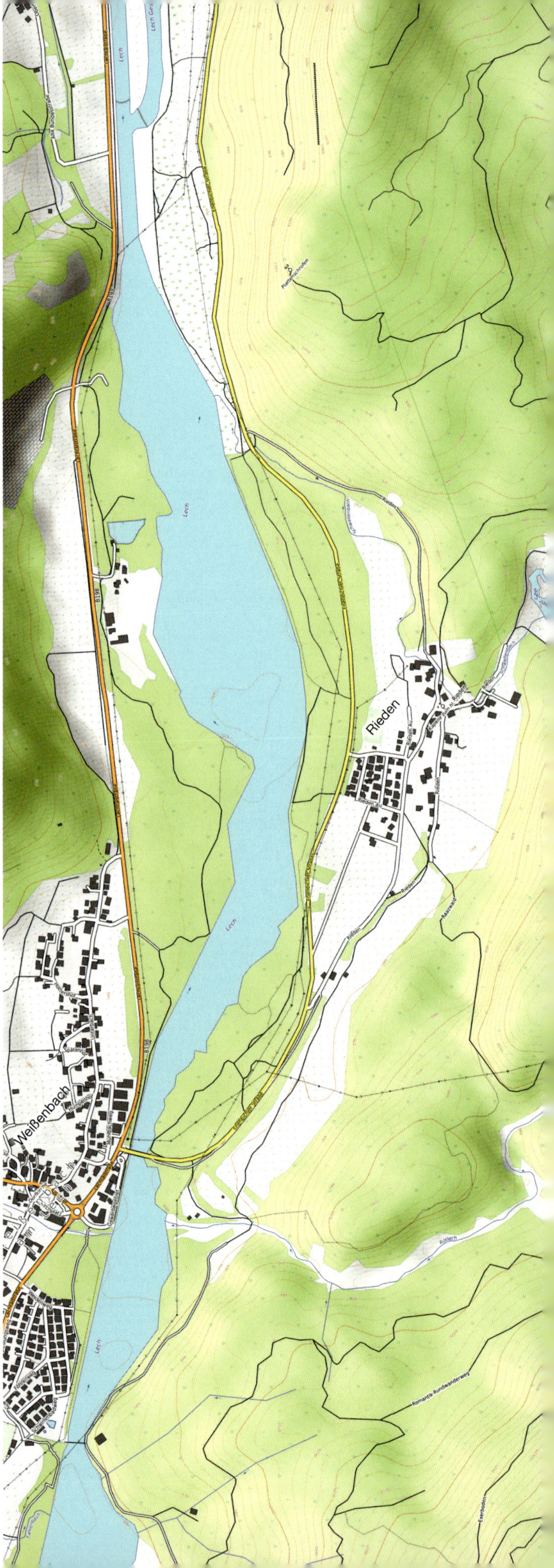
Rieden
Weißenbach

Ich bin eigentlich eh mehr auf Buben aus. Das war auch in der Schule so. Wenn ich im Unterricht mehr Buben als Mädchen hatte, war ich immer sehr froh", schickt Margret Feineler-Salvenmoser gleich voraus. Das Lehrerinnen-Dasein war damals schon sehr anspruchsvoll. Nicht – so wie heute – im Hinblick auf die Einhaltung und Durcharbeitung des Stoffs von Lehrplänen, sondern eher auf den organisatorischen Teil bezogen, nämlich wie man es schaffte, die vielen Kinder gleichermaßen zu beschäftigen. „Man hatte ja immer 2 bis 3 Jahrgangsstufen gleichzeitig zu betreuen", gibt die ehemalige Volksschullehrerin zu bedenken. Das bedeutete, Stillarbeit für die einen, während die andere Gruppe unterrichtet wurde, und das alles in einem Raum. „Das musste ja alles vorbereitet werden. Da war ganz schön was an Arbeit dahinter. Um viertel nach fünf bin ich jeden Tag aufgestanden und immer erst recht spät ins Bett gekommen", erzählt Margret Feineler-Salvenmoser, noch dazu fand der Unterricht damals sogar ganztägig statt. Und die Stillarbeit war auch nicht immer das, was ihr Name versprach. „Es gibt ja immer die etwas Schnelleren. Denen wird's dann natürlich langweilig und dann fangen sie an zu ratschen, während man die andere Gruppe unterrichten will ... Das war auch damals nicht immer einfach, da hieß es dann auch zwischendurch, dass ich zu streng sei. Aber ja, auf Disziplin hab ich schon geschaut." Das war ihr wohl schon zu Beginn ihrer beruflichen Laufbahn ein Anliegen. Denn nicht ohne Grund gab ihr die Rektorin bei ihrer Lehrbefähigungsprüfung die folgenden Worte mit auf ihren Berufsweg: „In einer Küche, die immer aufgeräumt ist, wird nichts gekocht!" mit auf ihren Berufsweg.

Margret Feineler-Salvenmoser kann auf ein Leben direkt an einem der letzten Wildflüsse der Nordalpen zurückblicken: „Der Lech war in Rieden und Weißenbach zwar immer präsent, aber an den Häusern selbst ist selten was passiert, außer dass mal die Wände feucht wurden." Dennoch wurde der Lech bereits in ihrer Kindheit in seine Schranken gewiesen – zugunsten der bewirtschafteten Flächen. Damit der Fluss die Felder nicht überschwemmt oder Bereiche davon wegreißt, wurden mehrere Steinwälle quer in den Fluss ragend gebaut, um ihn in eine Richtung zu lenken – weg von den Feldern und von den Häusern. „Diese Steinwälle haben wir Archen genannt", erzählt Margret Feineler-Salvenmoser. Ihr Vater hatte damals viel Zeit und Energie dafür verwendet, die Bewilligung für diese Archen zu bekommen: „Das hat das Land ja einiges an Geld gekostet, aber gleichzeitig auch Geld in die Region gebracht, da für den Bau der Steinwälle die Männer aus den umliegenden Dörfern beschäftigt wurden. Es war eine sehr harte Arbeit." Damals wurden nur sehr wenig Maschinen eingesetzt. Vor einigen Jahren kam zu Margret ein Mann aus Forchach und meinte: „Wir verdanken deinem Vater sehr viel. Das war eine der wenigen Arbeiten, mit denen man sich damals in der Umgebung den Lebensunterhalt verdienen konnte." Das Ergebnis dieser Arbeit konnte sich sehen lassen: Nach Vollendung der Bauarbeiten waren die Weideflächen der Riedener Bauern vor dem Hochwasser sicher. „Und jetzt hat sich der Lech vor allem in die Tiefe gegraben", stellt Margret Feineler-Salvenmoser fest. Mit dem Einengen des Flusslaufs hat sich die Fließgeschwindigkeit erhöht und über die Jahre wird mehr Kies mitgetragen, als aus dem Lechtal und seinen Seitenbächen nachgeliefert wird.

Margrets Vater wurde auch bei der Holztrift gebraucht. Auch dies war neben dem Bau der Archen eine der wenigen Verdienstmöglichkeiten in der Gegend. Der Rotlech war sehr wichtig, um das geschlagene Holz aus dem Tal zu schaffen. Hinten im Rotlechtal wurde eine Talsperre errichtet und wenn dann genügend Holz im Stausee war, wurde die Sperre geöffnet und das Wasser schoss mit dem Holz ins Tal. „Meine Mutter beschwerte sich schon länger bei meinem Vater, dass er sich endlich mal einen neuen Hut kaufen und den löchrigen alten Fetzen wegwerfen solle. Doch mein sehr sparsamer Vater wollte nicht", schildert Margret. Als ihm der Hut während der Holztrift ins Wasser fiel und davonschwamm, hat sich ihre Mutter sehr gefreut und den Vater zum Einkaufen geschickt. Das Holz aus dem Rotlech wurde dann, bevor es im Lech fortge-

Kartenvergleich: Rieden 1856/2018

tragen wurde, am sogenannten Lendhaus angelandet, gelagert und zur Säge gebracht. „Die steht heute allerdings still, weil sie niemand mehr betreiben will." Und auch die sehr anstrengende und gefährliche Holztrift wurde irgendwann in Margrets späterer Jugend eingestellt.

Hochwassergefährdet waren zu Margrets Kindheit nicht nur die Nutzflächen, vor allem die Brücken über den Lech kamen immer wieder ins Wanken. Zu der Zeit, als die Gemeindegrenzen gezogen wurden, gab es beispielsweise noch überhaupt keine Brücken. Somit wurde Rieden der Gemeinde Ehenbichl zugeteilt, obwohl zwischen den beiden Orten gut 4 Kilometer liegen. Weißenbach hingegen ist nur einen Steinwurf entfernt, aber der Lech bildete früher eine nur sehr unregelmäßig überwindbare Hürde. Die erste Brücke, die Margret Feineler-Salvenmoser noch in Erinnerung ist, „bestand nur aus Pfosten zur Abstützung und dann wurden da Bretter drübergelegt." Man hatte es sich eben leicht gemacht und gar nicht erst versucht, eine stabile Brücke über den Lech zu bauen, das nächste große Hochwasser hätte die Mühen wieder zunichtegemacht. Die damalige Brücke ging vom Lendhaus schräg nach Weißenbach hinüber. Margret erinnert sich: „Später wurde dann doch einmal eine etwas aufwendigere Holzbrücke gebaut und kurz vor meiner Einschulung wurde sie vom Lech-Hochwasser weggerissen. Wir Riedener mussten somit einige Zeit den Umweg über die Rotlech-Brücke nehmen und dann über die andere Brücke zwischen Weißenbach und Forchach über den Lech zur Schule laufen – das war mehr als 1 Stunde Fußmarsch, der hat uns aber meistens Spaß gemacht. Wir waren damals ja rund 15 Kinder, die aus den paar Häusern in Rieden kamen. Es war eine arme Zeit und da hatte man eben mehr Kinder. Übrigens gibt's meinen Schulweg bis zum Lech heute noch, zwar als ausgebauten Radweg, aber der Verlauf ist erhalten geblieben."

Der Schulweg führte direkt bei einer ihrer Freundinnen vorbei, die im sogenannten Lendhaus wohnte. Die Holzpflöcke, die notwendig waren, um die Holzstämme bei der Holztrift zu leiten, wurden eines Tages entnommen, was Margret Feineler-Salvenmoser sehr bedauert und auch anprangert, da damit wieder ein Stück Zeitgeschichte aktiv zerstört wurde. Aus ihrer Sicht hat hier die Gier – in diesem Fall nach Brennholz – wieder einmal gesiegt.

„Wir verdanken deinem Vater sehr viel. Das war eine der wenigen Arbeiten, mit der man sich damals in der Umgebung den Lebensunterhalt verdienen konnte."

Den elterlichen Bauernhof, in dem Margret 1927 geboren wurde, gibt es heute noch. Ihre Rinder, „das wunderschöne Lechtaler Grauvieh", waren im Sommer nicht auf der Alm, sondern immer in der Nähe vom Hof – man brauchte sie ja für die Versorgung mit Milch. Die Haupt-Weidefläche hieß „In der Au". Dort verbrachten die Rinder der Familie Feineler die meiste Zeit und vor allem die Regentage. Heute stehen auf diesen Flächen die Häuser mit der Adresse „Rieden Au". Außerdem waren an schönen Tagen die Rinder auch im Wald am Berg nahe des Hofes. Damals waren Wald und Weide noch nicht getrennt, aber „das darf man ja heute gar nicht mehr", weiß Margret zu berichten. Und auch wenn es kein großer Hof war, so musste Margret als ältestes Kind bei der täglichen Arbeit fleißig mithelfen. Die 3 Milchkühe mussten versorgt sein und bereits mit 6 Jahren wurde sie mit einer Sense zum Mähen der Wiesen ausgestattet: „Ich hab so gern schwer gearbeitet." Und als sie dann mal wieder bei der gemeinsamen Wiesenmahd waren, kam eine Münchnerin vorbei und rief empört: „Das müsste man anzeigen, so ein junges Kind mähen zu lassen." Doch Margret meint dazu im Nachhinein nur: „Mir hat die harte Arbeit nichts ausgemacht."

Jedoch empfand sie es von ihren Eltern als ungerecht, dass sie zur Arbeit aufs Feld mitgenommen wurde, aber ihr 6 Jahre jüngerer Bruder – der ja schließlich irgendwann

einmal den Hof übernehmen sollte – daheimblieb. „Der musste nicht aufs Feld, durfte immer spielen, hatte Freizeit und und und." Margrets Schwester hingegen, die nur eineinhalb Jahre jünger ist als sie, wurde zur Hausarbeit eingespannt: „Meine Schwester war die, die alles so sauber und so fein gemacht hat. Ich war da nicht so penibel", erzählt sie mit einem Lächeln. Doch das bisschen Freizeit, das Margret blieb, verbrachte sie oft am Lech. „Ich hab nie schwimmen gelernt und kann's bis heute nicht. Aber wir waren oft am Lech und haben geplantscht oder unsere Füße reingehängt. Mein Bruder war schneidiger – der hat sich das Schwimmen selbst beigebracht, im Lech! Aber der hat ja so viel mehr Freizeit gehabt als wir beiden Mädchen – wir haben ihn manchmal dafür gehasst."

Nach ihrer Schulentlassung war Margret zuerst im Büro des Forstamtes in Reutte beschäftigt. In einem Restaurant kam sie dann mit einem Schulinspektor ins Gespräch, der sie fragte, ob sie immer schon im Büro arbeiten wollte. Sie antwortete, dass sie eigentlich seit der Volksschulzeit Lehrerin werden wollte. Der Herr entgegnete ihr, dass sie das ja jetzt immer noch werden könne. „Und weil damals im Krieg – das war ja noch Hitler-Zeit – auch so viele Lehrer ihr Leben gelassen hatten, war dort durchaus Bedarf." Das Angebot, binnen eines halben Jahres die Ausbildung zu machen, lehnte sie aber ab. Wenn, dann wollte sie schon eine richtige Lehrerin sein. Aufgrund des Krieges war die Lehrerbildungsanstalt von Innsbruck nach Mayrhofen im Zillertal verlegt worden. Dies bedeutete für Margret also auch, dass sie mindestens 6 Jahre – das war die reguläre Ausbildungsdauer – von zu Hause weg sein würde. „Ich wollt aber ja auch weg." Nach der Ausbildung war sie dann 3 Jahre in Stumm im Zillertal. Da unterrichtete sie die 3. und 4. Schulstufe. Danach war sie noch in Niederndorf bei Kufstein an der Schule, weil ihr Mann in Kufstein eine Stelle bei der Post hatte. Ihren Mann, der aus Walchsee stammt, hatte sie während ihrer Zeit in Stumm kennengelernt. „Das war keine Liebe auf den ersten Blick. Die große Jugendliebe konnte ich nicht bekommen", erzählt sie mit einem Lachen. Es dauerte einige Zeit, bis sich die beiden Herzen angenähert hatten. Doch das Resultat kann sich sehen lassen: „Ich hab 5 Söhne und 1 Tochter. Wobei zu betonen ist, dass die Tochter die Zweitgeborene ist. Man meint immer, man hat so viele Kinder, bis das andere Geschlecht kommt, aber das war bei uns nicht der Fall. Das waren alles Zugaben!"

Der Tod ihrer Mutter bei einem Verkehrsunfall zog Margret Feineler-Salvenmoser dann wieder in die Heimat zurück. „Mir hat mein Vater so leid getan." Zu ihm hatte sie, trotz seiner Strenge, eine sehr enge Beziehung. „So ist das doch meistens, dass die Buben besser mit der Mutter und die Töchter besser mit dem Vater zurechtkommen. Und drum hat mir der Herrgott mehr Buben geschenkt."

Bilder oben: Holzflößerei und wärmende Mahlzeit am Rotlech, um 1955
Die Lechtalerin Berna Eberhard sagt: „Holztriffta hoat ma im Volksmund gsat und mit der Grießbollstonga, diea eine Übergruaßa an Länge hatte – mit zwoa Hoacka, aus Eisa an der Spitze –, hot ma des Holz ausm Wosser gezocht."

Zuerst zog sie mit ihrem Mann in die Dachwohnung des elterlichen Bauernhofs. Aber mit den 6 immer größer werdenden Kindern „schrumpfte" gleichermaßen der Wohnraum und so war es notwendig, ein eigenes Haus zu bauen, in dem sie heute noch lebt. Ihr Mann, den sie als „eher bequem" beschreibt, war zuerst von dem Bauvorhaben nicht überzeugt, denn Geld hatten sie damals recht wenig. „Ja, ich musste mich viel gegen seinen Willen durchsetzen und auch das Haus zu bauen, war aus meiner Sicht als Mutter einfach notwendig." Nachdem sie ein paar Jahre in Reutte unterrichtet hatte, verbrachte sie ihr restliches Berufsleben – 31 Jahre – an der Volksschule in Weißenbach am Lech, das ist die Nachbargemeinde am gegenüberliegenden Lechufer. „Da bin ich selbst schon zur Volksschule gegangen", erzählt sie, bis sie dann nach der 5. Klasse auf die Hauptschule nach Reutte wechselte. Mit Bedauern weist sie darauf hin, dass das alte Weißenbacher Schulhaus vor einigen Jahren abgerissen wurde.

Zu ihrer Schulzeit hatte Weißenbach bereits 2 Geschäfte, in denen man alles für den täglichen Bedarf bekommen konnte. Ihre Großmutter – das weiß sie aus Erzählungen ihres Vaters zu berichten – musste noch die 8 Kilometer bis nach Reutte laufen, um alltägliche Waren zu bekommen. „Sie brauchte damals einen ganzen Tag, nur um das Notwendigste einzukaufen." In Margrets Kindheit war ihr Vater derjenige, der die Einkäufe in Reutte erledigte. „Damals waren auch sonntags die Geschäfte offen, denn werktags musste man ja arbeiten."

Das war die Zeit des Zweiten Weltkrieges: „Wir haben hier vom Krieg wenig gespürt – dazu waren wir zu abgelegen vom eigentlichen Geschehen. Und wir haben nie Hunger gehabt, aber wir hatten auch nie was Luxuriöses, das man sich heute einfach so an der nächsten Straßenecke kaufen kann. Wir hatten halt Kartoffeln, gelbe Rüben und das ganze Gemüse und haben deshalb immer was zu essen

Bild: die Alpe Raaz – im Hintergrund die Tannheimer Berge und der Forggensee

gehabt." Selbstversorgung war der Weg, die Kriegsjahre zu überstehen. An eine Sache, die während des Krieges geschah, kann sie sich noch sehr gut erinnern: „Wir und alle anderen Bauernhöfe mussten Butter oder Milch an den Staat abliefern. Meine Mutter hat aber viel an Bekannte und Freunde verschenkt. Gegenüber der Obrigkeit geriet sie deshalb oft in Verzug – sie wurde sogar vom Kreisleiter herbeizitiert und musste Rechenschaft ablegen, warum sie so wenig abgibt. Es hat zwar zum Teil auch gestimmt, wenn sie gesagt hat, dass es wenig Gras gab, aufgrund der vielen Engerlinge, die auf der Weide „In der Au" gewütet haben. Man hat es ihr geglaubt und wir kamen ohne Repressalien aus der Situation heraus."

„Das müsste man anzeigen, so ein junges Kind mähen zu lassen."

Die Nachwirkungen des Kriegs waren hingegen sehr spürbar. Margrets Vater überlebte glücklicherweise den Krieg, aber die Männer, die gefallen waren, hinterließen teils junge Familien. Mit dieser Last im Rücken hat man sich gegenseitig sehr viel geholfen und unterstützt. Dass die Familien- und Dorfgemeinschaft stark zusammengewachsen ist, war die positive Kehrseite des Leids. „Im Krieg verliert jeder – auch der, der ihn anstiftet." Damit kommt Margret auf die aktuellen politischen Entwicklungen zu sprechen: „Dass die Leute es nie begreifen und immer wieder so gewählt wird, dass es nicht gut geht? Man könnte ja aus der Geschichte lernen ... Was die Leute wohl dazu drängt, so zu wählen – Angst, kurzzeitiger Profit? Ohne einen Gedanken an die Zukunft zu verlieren ...!?"

Ihr Beruf hat Margret sichtlich Freude bereitet, allerdings blieb dadurch wenig Raum für Freizeit. „Ich bin zwar gern gewandert, aber ich hatte nicht allzu viel Zeit dafür. Mein Mann ist sehr viel gegangen. Er ist meist am Wochenende nach dem Mittagessen mit den Kindern losgelaufen und zur Kaffeezeit waren sie dann wieder da." In ihrer Jugend hat sie die wenige freie Zeit, die sie nicht am Lech verbrachte, für Almwanderungen z. B. auf die Ehenbichler Gemeinschaftsalp „Raaz" sowie für kleinere und größere Gipfelbesteigungen genutzt.

„Ich liebe den Lech und ich liebe meine Heimat, und da gehört der Lech unbedingt dazu. Aber mein Lieblingsplatz ist der Seebichl bei Rieden, auf dem ich leider schon länger nicht mehr war. Man ist a bissl bequem geworden und das Haus und der Garten werden auch nicht kleiner. Früher waren wir aber oft da. In meiner Kindheit und auch als Erwachsene. Von da oben hat man einen schönen Blick auf den Lech und seine Landschaft." Und über die vielen Male hinweg, die Margret Feineler-Salvenmoser im Lauf ihres Lebens vom Seebichl geblickt hat, hat sich vieles verändert.

„Meine Mutter stammt aus Weißenbach und darum waren wir oft bei den Großeltern. Einmal sind wir Kinder dann alle am Fenster geklebt – da hab ich zum ersten Mal ein Motorrad gesehen. Das war was!" Margret hat viele Entwicklungen miterlebt, vom Einzug des Automobils, über das damit verbundene Verschwinden der Pferdekutschen bis hin zur heutigen technikhörigen Welt der Smartphones. Die Geschwindigkeit der Veränderungen und Entwicklungen hat sich dabei immer stärker beschleunigt. Der Rat, den Margret mit ihren 91 Jahren Lebenserfahrung geben kann: „Man muss nicht immer alles mitmachen – es ist besser, einfacher zu leben." So wie sie, ohne Auto, ohne Führerschein, aber mit einem Leben im Lechtal, auf das sie mit Bedacht, Ehrfurcht und Freude zurückblicken kann.

Aufgeschrieben von Harald Jungbold

Spielregeln beachten und Demut bewahren

Peter Nasemann, Hohenschwangau

Peter Nasemann

Gymnasiallehrer,
Naturschutzreferent bei der DAV-Sektion Füssen,
Mitglied des Naturschutzbeirates im Landkreis Ostallgäu
und bei der Regierung von Schwaben
Jahrgang 1949
geboren und aufgewachsen in Füssen

Sein Blick für Dinge, die in eine falsche Richtung laufen, hat dem Tiroler Lechtal viel Zerstörung erspart und den Stein für „Volksbildung" ins Rollen gebracht. Peter Nasemann ist jemand, der die Landschaft ganzheitlich betrachtet. Mit dieser Einstellung übt er seine vielfältigen Freizeitaktivitäten und vor allem auch sein ehrenamtliches Engagement in den unterschiedlichen Gremien zugunsten des Naturschutzes aus.

Sein Leben war und ist, wie es scheint, von vornherein für die Bildung von Menschen vorgesehen – sei es als Gymnasiallehrer, als „Umweltaktivist" oder – wie aktuell – als Buchautor. Und im Gespräch mit ihm spürt man sein Wissen darum, wie klein der Mensch ist, und seine Ehrfurcht vor der Natur.

Bild Doppelseite: die Lechschlucht bei Füssen
oben: Peter Nasemann an seinem ersten Schultag, 1955
rechts: am Eingang der Pöllatschlucht – hier in Hohenschwangau ist er zu Hause, 2018

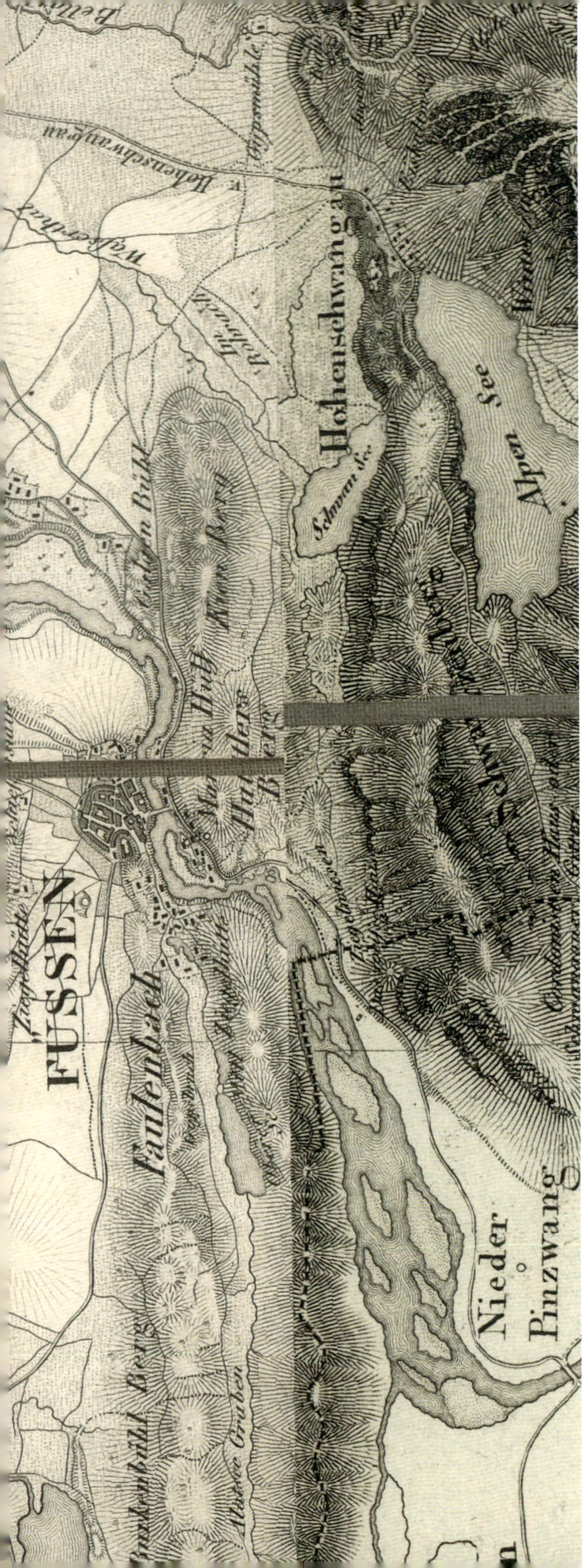
FÜSSEN
Faulenbach
Hohenschwangau
Alpen
See
Nieder
Pinzwang

Füssen
Horn
Alterschrofen
Hohenschwangau
Ziegelwies
Bad Faulenbach

Ein Fluss ist wie ein Organismus." Diese Ein- und Ansicht prägt das Leben von Peter Nasemann, der am und mit dem Lech aufgewachsen ist. Im Gegensatz zu beinahe allen anderen Füssenern, die im Krankenhaus auf der westlichen Seite des Flusses das Licht der Welt erblickten, kam er dank einer Hausgeburt „auf der richtigen Seite" des Lechs zur Welt. Als kleiner Junge spielte er oft in der Nähe des Flusses. Seine Eltern sahen das jedoch gar nicht gerne und so musste er zur Strafe den einen oder anderen Nachmittag im Bett verbringen, weil er tropfnass nach Hause kam, nachdem er in den Lech gefallen war. Als er 5 Jahre alt war, nahm ihn sein Onkel auf einem Ruderboot mit auf den Forggensee, dessen Flutung gerade begonnen hatte. Als sie in eines der Häuser in den verlassenen Ortschaften hineinfuhren und mit dem Boot in der Küche standen, kam er aus dem Staunen nicht mehr heraus.

Da es für ihn als „Straßenkind" kaum Chancen gab, auf das Gymnasium in Füssen zu kommen, verließ er als Zehnjähriger das Elternhaus, um eine Klosterschule mit Internat zu besuchen. Rückblickend war es das Beste, was ihm passieren konnte, denn die humanistische Bildung – insbesondere auf Kloster Ettal – prägte ihn zutiefst. Bereits mit 15 Jahren war für ihn klar: „Ich werde Lehrer!" Konsequent verfolgte er dieses Ziel und ging zum Geographie- und Sportstudium nach Erlangen. Aber es zog ihn immer wieder zurück in die Heimat.

Aus der Perspektive eines Sport- und Geographielehrers wurde ihm noch mehr bewusst: „Der Lech ist etwas Besonderes." Und damit meint er nicht nur die Vorkommen seltener Arten, sondern die gesamte nacheiszeitliche Landschaftsentwicklung. Diese schließt die jüngste 2000-jährige Kulturgeschichte ein, die sich beispielsweise in der Römerstraße oder in den zahlreichen Steinbrüchen manifestiert, die den Füssener Lech zum „Kolonialraum" der Augsburger werden ließen. Mensch und Landschaft sind für Peter Nasemann untrennbar miteinander verbunden. Wenn Landschaft Raum für gelingendes Leben sein soll, muss man aber auch anerkennen, dass alle von und mit der Landschaft lebenden Menschen ihre eigene Perspektive haben.

Peter Nasemann selbst ist begeisterter Natursportler. Er hat sich vor allem dem Wildwasserfahren und dem Gleitschirmfliegen sowie im Winter dem Skitourengehen verschrieben. Dabei kommt es ihm nicht nur auf die sportlichen Fertigkeiten an, sondern auch auf die Auseinandersetzung mit der Natur, mit den Elementen. Die Spielregeln zu beachten und Demut zu bewahren, das sind seine zentralen Grundsätze beim Umgang mit der Natur. Doch nicht nur der Respekt vor der Natur, sondern auch vor den Menschen, die seit langer Zeit dort leben, ist ihm außerordentlich wichtig. Vor diesem Hintergrund stellt er jedoch bedauernd fest, dass unsere gegenwärtige Gesellschaft von mangelndem Respekt in vielerlei Hinsicht geprägt ist.

Die verwandtschaftlichen Beziehungen von Peter Nasemann ins Tiroler Lechtal – seine Frau stammt aus Österreich – förderten seine Interessen und Aktivitäten am dortigen Lech noch weiter. 1983 fielen ihm bei einer Kanutour in einem der Seitentäler des Tiroler Lechs Markierungen und Pegel entlang der Fließstrecke auf. Das machte ihn neugierig und zugleich misstrauisch. Er begann Nachforschungen anzustellen, die ihn schnell zum Elektrizitätswerk Reutte (EWR) führten. Die Verantwortlichen dort beteuerten, sie wollten keine Kraftwerke bauen, sondern es handele sich nur um Projektstudien. Das war das auslösende Moment für sein politisches Engagement: Gemeinsam mit Verbündeten, wie dem Steeger Pfarrer Karlheinz Baumgartner, wurde der Arbeitskreis Lebensraum Lechtal (ALL) gegründet. Dieser sprach sich keinesfalls für ein grundsätzliches Verbot der Wasserkraftnutzung aus, sondern forderte in jedem Fall eine ganzheitliche Auseinandersetzung mit der Flusslandschaft und vor allem die Einbeziehung der ansässigen Bevölkerung. Im Gegensatz zu anderen Tiroler Tälern, wie dem Stubai- oder Ötztal, ließ die naturräumliche Ausstattung des Lechtals zum

Kartenvergleich: Füssen um 1850/2018

damaligen Zeitpunkt kaum eine touristische Inwertsetzung zu. Für die Anlage von Skipisten waren die Hänge einfach zu steil. Infolgedessen fehlten den Gemeinden entsprechende Steuereinnahmen, aber auch von den Wasserkraftwerken hätten sie kaum profitiert. Den Ratschlag eines Bürgermeisters aus dem Stubaital, die Naturnähe als Schatz zu begreifen und zu erhalten, kommentierten die Lechtaler bissig: „Mit vollen Hosen ist gut stinken."

Der ALL versuchte, mit sachlichen Argumenten zu überzeugen. Eine geplante Wasserkraftnutzung am Tiroler Lech hätte für das EWR, das heute ca. 60.000 Stromkunden – davon 2 Drittel im Allgäu und 1 Drittel in Tirol – bedient, eine unmaßgebliche Verbesserung der Eigenversorgung von nur 3 Prozent bedeutet. Dennoch waren die Bürgermeister der Gemeinden sich einig und die Bevölkerung ließ sich zum großen Teil nicht mit Zahlen überzeugen. Der große Vorteil des ALL war es, Pfarrer Karlheinz Baumgartner als Vertreter der Kirche an seiner Seite zu haben. Für Tirol galt nämlich, dass jeder Bürger für sein körperliches Wohl selbst sorgen könne, für den seelischen Beistand sei jedoch eine Institution wie die katholische Kirche nicht zu umgehen. Und da der Pfarrer aus Steeg zudem noch auf den Beistand des Innsbrucker Bischofs vertrauen konnte, wurde seine Position zusätzlich gestärkt.

Immer mehr Einheimische wurden wach und ließen sich für die Thematik sensibilisieren.

Das vordergründige Anliegen des ALL war es immer, das Verständnis für den „Organismus Fluss" zu vermitteln – und das nicht nur aus ökologischer oder biologischer Perspektive. Die Vertreter des Arbeitskreises versuchten, dies bei zahlreichen Exkursionen und Symposien zu verdeutlichen, stießen jedoch bei der ansässigen Bevölkerung wie bei Politikern meist auf völliges Unverständnis. Dass dennoch einer der erbittertsten Gegner später Obmann des „Naturparks Tiroler Lech" wurde, ist eine bemerkenswerte Tatsache.

Die Idee der Österreichischen Bundesbahn, 10 Prozent des Lechwassers zum Zweck der Energiegewinnung abzuzweigen und ins Stanzer Tal umzuleiten, konnte auch durch den glücklichen Umstand abgewendet werden, dass Peter Nasemann dies bei einer Exkursion für renommierte Umweltjuristen erwähnte. Diese sagten daraufhin spontan – am Lech stehend – zu, kostenlos ein Rechtsgutachten zu erstellen, das über die Tiroler Grünen an die EU in Brüssel lanciert werden konnte. Hier wurde den Plänen die Unvereinbarkeit mit europäischem Recht bescheinigt und so auch deren Umsetzung verhindert.

Der ALL gewann offensichtlich zusehends an Reputation und wurde 1988 eingeladen, am Konzept einer integralen Lechtalstudie mitzuarbeiten. Die Struktur der Studie wurde jedoch nach und nach so zurechtgerückt, dass günstige Kompromisse für die verschiedenen Landnutzer den verantwortungsvollen Maßnahmen zum Schutz der Flusslandschaft vorgezogen wurden. Um den Politikern nicht als bürgerinitiatives Feigenblatt zu dienen und sich nicht weiter als „Partner" zu kompromittieren, erklärte der ALL 1991 seinen Austritt aus der Lechtalstudiengruppe. Dies wurde mit Entsetzen zur Kenntnis genommen, verfehlte aber die Wirkung nicht: Immer mehr Einheimische wurden wach und ließen sich für die Thematik sensibilisieren. Der Widerstand wuchs langsam, aber stetig. Als es zur entscheidenden Frage kam – „Bauen – ja oder nein?" – verkündete die Republik Österreich überraschend die Ablehnung des Vorhabens, und zwar nicht aus ökologischen, sondern aus volkswirtschaftlichen Gründen. Für Peter Nasemann war die gesamte Diskussion um die Kraftwerksbauten im Lechtal „ein erfolgreiches Volksbildungswerk", bei dem innerhalb von 20 Jahren ein Tal umgekrempelt wurde.

Auf der Suche nach Alternativen zur nun abgesagten Nutzung unterbreitete der WWF u. a. die Idee der Ausweisung

eines Nationalparks. Den 2004 ernannten Naturpark Tiroler Lech bezeichnet Peter Nasemann als „windelweiches Ding", er kann aber damit gut leben. Als Betrachter stellt sich die Frage, ob sein Engagement als Allgäuer am Tiroler Lech nicht als Einmischung in fremde Angelegenheiten empfunden wurde. Peter Nasemann äußert sich dazu verhalten, erzählt aber, dass er sich den Vorwurf, „vor der falschen Leiche zu heulen", mit dem Verweis auf den bayerischen Lech dennoch gefallen lassen musste.

Mitnichten beschränkt sich das naturschutzfachliche Engagement von Peter Nasemann nur auf den Tiroler Lech. Seinem integrativen Anspruch folgend gilt es in gleichem Maße auch den folgenden Laufabschnitten, dem Füssener Lech und dem Forggensee. Insbesondere der Füssener Lech mit seiner Laufstrecke von 800 bis 1.000 Metern ist in seinen Augen „brutal wertvoll". Schließlich handelt es sich um den letzten bayerischen Wildfluss, der noch funktioniert, an dem sich eine Hart- und Weichholzaue etabliert hat und die Deutsche Tamariske ebenso vorkommt wie der Flussregenpfeifer. Aber wie zuvor erwähnt belässt er es nicht bei diesen ökologischen Aspekten, sondern führt im gleichen Atemzug die kulturgeschichtliche Bedeutung an.

In diesem Zusammenhang beurteilt er die Arbeit des Lebensraum Lechtal e. V. kritisch. Gerade dem Füssener Abschnitt, der einzigen bayerischen Wildflusslandschaft am Lech, schenke der Verein keinerlei Aufmerksamkeit. Stattdessen würden an anderen Stellen „Leichen aufgepäppelt". Und eine Stadt wie Füssen, die ihre Existenz und weltliche wie geistliche Bedeutung einzig diesem Fluss verdanke, dürfe „ihren Lech" keinesfalls vernachlässigen. Dabei ist sich Peter Nasemann der Unterstützung von Projekten zum Erhalt der Flusslandschaft durch die ansässige Bevölkerung sicher, die sich durchaus der Bedeutung dieses Schatzes bewusst ist und ihn zu würdigen weiß.

Bild: schützenswerte Flusslandschaft – der „wilde Lech" bei Forchach

Bei den derzeit geführten Diskussionen zwischen dem DAV und der Stadt Füssen um die Ausweisung von Mountainbike-Strecken werde deutlich, dass die politische Meinungsbildung durch den Tourismussektor dominiert wird. Diese monostrukturierte Wirtschaft birgt aber Gefahren. Er sieht durchaus, dass die Region nur ein begrenztes Arbeitsplatzangebot für Schulabgänger bereithält. Sein eigenes Verhältnis zu ortsansässigen Unternehmen bezeichnet er als gut, er akzeptiert schlichtweg, dass diese hier Geld verdienen. Zugleich gibt er zu bedenken: „Man ordnet vieles dem Geld unter, ohne dass man es nötig hätte. Man muss etwas tun!"

Insbesondere der Füssener Lech mit seiner Laufstrecke von 800 bis 1.000 Metern ist in seinen Augen „brutal wertvoll".

Der Blick von Peter Nasemann in die Zukunft – den bayerischen Lech betreffend – ist wenig hoffnungsvoll: „Der Zug ist abgefahren", bestenfalls am Schwallbetrieb sieht er geringfügiges Optimierungspotenzial. Die in den nächsten Jahren ablaufenden Nutzungskonzessionen der Kraftwerksbetreiber als Chance für einen wirkungsvolleren Naturschutz am Lech zu begreifen, ist nach seiner Ansicht Augenwischerei. Allein „Krisen sind immer eine Chance für den Naturschutz."

Dennoch wird Peter Nasemann nicht aufhören, die Bedeutung des Umweltschutzes am Lech wiederholt an die Verantwortlichen heranzutragen, sei es in seiner Funktion als Mitglied des Naturschutzbeirates beim Landkreis Ostallgäu oder des Naturschutzbeirates bei der Regierung von Schwaben. Seine diesbezügliche Vernetzung wird ergänzt durch seine Tätigkeit als Naturschutzreferent bei der Füssener Sektion des DAV. In diesem pluralistischen

Bild oben: der Füssener Lech mit seiner Hart- und Weichholzaue
rechts: Kies, Sand, Treibholz, junger Weidentrieb – der Lech wird als Organismus betrachtet (Forchach)

Verein ist Peter Nasemann – wie an vielen anderen Stellen auch – akzeptiert, weil er sich auf sein Gegenüber einlässt und ihm stets auf Augenhöhe begegnet.

Mit seinem Freund Prof. Dr. Herbert Scholz, der an der TU München den Lehrstuhl für Ingenieurgeologie innehat, teilt er die Leidenschaft für den Bergbau. Dessen archäologisch-geologische Spuren verfolgen sie gemeinsam im Lecheinzugsgebiet. Folgt man nur offiziellen amtlichen Dokumenten, dann gab es Bergbau in dieser Gegend nicht. Tatsächlich aber wurde er mehr als 2.000 Jahre lang betrieben. Solche Spuren sind beispielsweise Schlacken, die bei der Verhüttung hydrothermaler Eisenerze entstanden sind, oder Stollen, zu denen existente Höhlen ausgebaut wurden. Die zum Teil individuelle Verarbeitung dieser Eisenerze brachte den subsistent wirtschaftenden Bergbauern ein zusätzliches Einkommen, da sie das Eisen an der überregionalen Fernstraße, entlang derer sich nicht nur Waren, sondern auch Innovationen ausbreiteten, verkaufen konnten.

Peter Nasemanns Engagement besteht aber auch darin, Wissen und Erfahrungen über die Zeit hinweg zu retten, indem er es aufschreibt – in Büchern wie „Lebensraum Füssener Lech“ oder „Der Lech im Gebirge“ – eine geologisch angehauchte Zusammenstellung, bei der der Mensch im Vordergrund steht. Da dieses Werk auf dem Umschlag den Zusatz „Teil 1“ führt, darf man auf die Fortsetzung gespannt sein.

Dass er sein Buchprojekt fortsetzen wird, scheint unstrittig. Das trifft in gleichem Maße darauf zu, dass der Sport für Peter Nasemann sowohl zur Stärkung seiner physischen wie auch mentalen Kräfte weiterhin beitragen wird, denn „die Natur ist gigantisch und wir sind nur ein kleines Rädchen. Schön ist, wenn sie uns mitspielen lässt.“

Aufgeschrieben von Josefin Müller und Uta Steinhardt

Versunkenes Paradies

Günter Lochbihler, Ehrwang/Rieden am Forggensee

Günter Lochbihler

Schreiner, Kaufmann
Jahrgang 1932
geboren und aufgewachsen in Ehrwang/Rieden
(Ehrwang wurde gemeinsam mit anderen Dörfern
beim Einstau des Forggensees überflutet)

Wie ist das wohl, wenn man vertrieben und einem die Heimat genommen wird, in dem Wissen, dass man nie wieder zurückkehren kann? Günter Lochbihler weiß es. Er ist einer der wenigen Menschen, die noch davon berichten können, welches Unrecht in dem Gebiet des heutigen Forggensees geschah. Als junger Erwachsener hat er miterlebt, wie die „Waldruh“ – seine Heimat – zwangsgeräumt und dem Forggensee preisgegeben wurde, und auch, welche Landschaftsjuwelen mit den darin gelegenen Dörfern ausgelöscht wurden.
Mit der Einstellung, dass sich alles im Leben irgendwie wieder ausgleicht, hat der gelernte Schreiner sein Leben gemeistert und eine neue Heimat gefunden.

Bild Doppelseite: Schlammwüste am Lech – in den Winterhalbjahren wird der Forggensee entleert
oben: Gemälde von V. Rathens „Gasthaus Waldruh – Der Koch posaunt die Gäste zum Mittagessen“, 1904
rechts: Günter Lochbihler auf den Überresten der am elterlichen Wohnaus angebauten Scheune, 2018

Illas Berg
Illasberg See
Schwarzenbach
Dietringen
Lech
Rieden
Osterreinen
Erkenbollingen
Forgen
Brunnen
Waltenhofen
Schwangau
Horn
Hohenschwangau
Alpen See

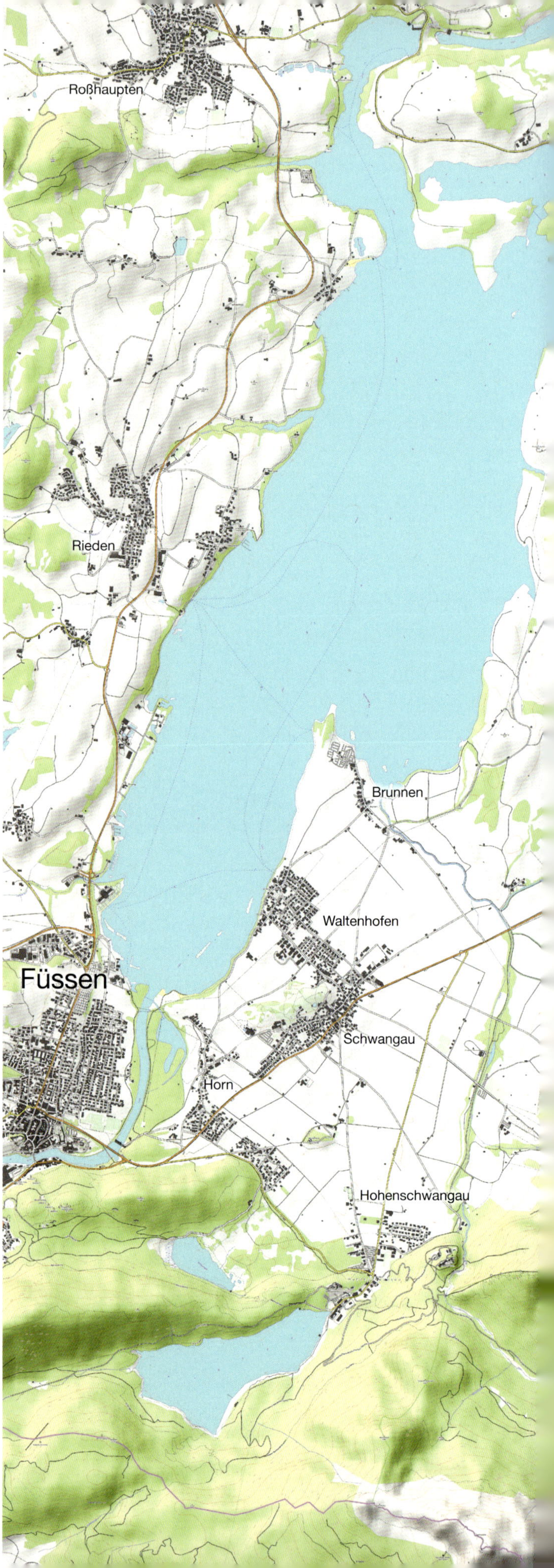
Roßhaupten
Rieden
Brunnen
Waltenhofen
Füssen
Schwangau
Horn
Hohenschwangau

Günter Lochbihlers Kindheitserinnerungen an Ehrwang sind seit 1954 im Wasser des Forggensees versunken. Spätestens dann, wenn im Winter der Pegelstand des Sees abfällt, kommen mit den zerfallenen Grundmauern der alten Hofstelle die Geschichten wieder in ihm hoch.

Lochbihlers Familie war in Ehrwang ansässig – dort, wo heute im Sommer Touristenscharen zum Forggensee strömen. Er erinnert sich an die Schönheit der Lechaue unterhalb des Hofes, der direkt am Waldrand stand, fernab der Straße. Vom Elternhaus konnte er ungehindert auf den Säuling sehen, auf Wald und Wiesen. Bis heute hat er das Bild des Blumenteppichs, der im Frühjahr die vielen Weiden bedeckte, vor Augen und das von Latschenkiefern gesäumte Lechufer, wo im Sommer der Almrausch blühte.

Das vom Großvater 1927 an die Eltern vererbte Grundstück gab ihnen die Möglichkeit, neben Wohnhaus und Sommerstall auch ein Wirtshaus zu errichten. 300 Meter vom kiesigen Flussufer des Lech entfernt betrieben sie die Ausflugsgaststätte „Waldruh". Oft saßen hier die Leute in der Mittagssonne draußen und genossen den Ausblick über das vor ihnen liegende Tal. In drei Geländestufen ging es hinunter zum Lech. Auf der obersten Hangstufe stand das Wohnhaus der Familie, unterhalb des heutigen Café Maria. Vorbei am Platz des heutigen Cafés auf dem Weg „Wilder Graben" führte einst Günter Lochbihlers Schulweg in 30 Minuten zu Fuß durch die Landschaft bis nach Rieden. Für den Heimweg am Nachmittag nahmen die Jungen dann einen Umweg zu der Ach, einem Zulauf des Lechs, in Kauf. Durch den Anstau des Baches gab es eine Badeanstalt, die sie im Sommer gerne besuchten, „denn zum Schwimmen war der Lech zu wild." Er zeigt ein altes Foto des selbst gebauten Staudamms, der das Bassin umsäumte.

Bereits 1925 wurden an einigen Abschnitten des Lechs Steine in dessen Kurven gelegt, um weitere Uferabbrüche zu vermeiden und den Flusslauf besser zu kontrollieren. Günter Lochbihlers Vater war an den Baumaßnahmen beteiligt. „Da, wo die Kurven waren, da kamen auch Steine hinein, dass er [der Lech] nicht weitergefressen hat", erinnert er sich. Von da an war es für den vorerst gezähmten Fluss kein Leichtes mehr, an den Ufern zu nagen.

Den Krieg und seine Auswirkungen erlebte Lochbihler noch als Schuljunge. Er erinnert sich an die Flieger, die auf dem Weg nach München über das Tal flogen. Einmal sind deutsche Soldaten vorbeigekommen, das war wohl im April/Mai 1945 zu einer Zeit, in der schon mehr Wasser im Lech floss. Die wollten sich vom Vater ein Beil für den Floßbau beschaffen. „Da hat mein Vater gesagt, da kommt ihr nie hinüber, das ist ein reißender Fluss. Manch einer meinte, das müsse gehen – wenn einer die Gebirgsflüsse nicht kennt, dann glaubt er so was. Doch wird er eines Besseren belehrt." Der Vater zeigte den Soldaten noch den Weg über die Berge nach Österreich, bloß nicht über den Fluss. Kurz darauf fand man zwei andere tote Soldaten am Ufer des Lechs.

Günter Lochbihler hat sich in seiner Freizeit eher selten am Lech aufgehalten. Zu wild und gefährlich war ihm der Fluss. Aber bei schwacher Strömung holte man im Uferbereich Kies oder Sand, dann war der Fluss ein nützlicher Partner. In Kindheitstagen beobachtete Günter Lochbihler auch die Fischer unten am Fluss, aber er selbst habe nur „schwarz" von Hand in der Ach gefischt. Sein Bruder sei aber der erfolgreichere „Handfischer" gewesen.

Weiter flussabwärts kennt Günter Lochbihler den Lech nicht so gut; die Litzauer Schleife, Lechbruck – und dann muss er schon langsam überlegen. „Mei, wo ist man früher schon hingekommen." Kaum bis nach Füssen. Mit dem Fahrrad vielleicht noch bis nach Roßhaupten, weil da seine Mutter aufgewachsen ist. Selbst der Illasschlucht hat er nicht übermäßig Beachtung geschenkt. Der Lech war eben da. „Ich wollt auch immer an den Formarinsee, aber ich bin ja nie dazu gekommen", denkt Lochbihler laut und wirkt, als ziehe er durchaus einen Besuch in Betracht.

Kartenvergleich: Rieden am Forggensee um 1850/2018

Die Ortsbezeichnung Ehrwang, auf der historischen Karte an der Via Claudia, bezeichnet zugleich das Haus Waldruh.

Bild oben: das Haus Waldruh, um 1940; links: Zwangsräumung des Hauses Waldruh – von links: BAWAG-Mitarbeiter, Polizist, Speditionsmitarbeiter und Helmut Lochbihler (Bruder von Günter Lochbihler), 1954; rechts: Flutung des Forggensees, 1954

Schon 1939 gab es Pläne zur Errichtung eines Stausees, die dann aber mit Kriegsbeginn beiseitegelegt wurden. In der energiehungrigen Nachkriegszeit entstanden dann neue Planungen, deren Dimensionen die der Vorkriegszeit deutlich übertrafen und die mit Beginn des Dammbaus 1950 in die Tat umgesetzt wurden. Die Familie Lochbihler war sich seinerzeit bewusst, dass die Anlage des Stausees unabwendbar ist. Die Umstände jedoch, unter denen sie ihren gesamten Besitz – das große Bauerngehöft mit Sommerstall, Gaststätte und ausgebautem Wohnhaus – sowie den dazugehörigen Grundbesitz im Umfang von 100 Tagwerk verlassen mussten, hatten sich die Lochbihlers allerdings anders vorgestellt. Im Jahre 1954 stieg das Wasser im neu entstehenden See immer höher und höher. Das Haus und alle Acker- und Weideflächen sowie der Wald, das gesamte Hab und Gut der Familie fielen dem Forggensee zum Opfer. „Uns ist ja außerhalb vom Wasser nichts mehr geblieben."

Das Haus wurde von der BAWAG zum Abbruch verkauft, ohne die Eigentumsrechte zu besitzen!

Der Vater konnte das kaum begreifen, er wollte nicht weg; niemand in der Familie. „Meine Eltern haben sich das alles in kleinen Schritten mühsam aufgebaut, haben wirklich viel gearbeitet. Da hängt man dran", erklärt Günter Lochbihler und macht damit das ganze Ausmaß des Verlustes deutlich. Für 1 Tagwerk wurden dem Vater seitens der BAWAG 1.000 DM angeboten, dieser verlangte aber 1.250. Die BAWAG hat aber weder diese Summe bereitgestellt noch bei der Suche nach einem geeigneten Hof in der Nähe Hilfe geleistet. Für die zur Abfindung angebotene Summe hätten sie in der Gegend nichts Neues gefunden. Das Haus wurde von der BAWAG zum Abbruch verkauft, ohne die Eigentumsrechte zu besitzen! Es war nicht nur die Tatsache, dass man ihnen alles genommen hatte – auch das Gefühl von Heimat stellte sich danach lange Zeit nicht ein. „Alle, die von da hinuntergekommen sind, ham ganz schön Heimweh gehabt. Wenn man halt Berg gewohnt ist, will man nicht weg", so spricht Günter Lochbihler heute über seine Heimatfreunde fernab des Lechs. Später dann hat die BAWAG 400 DM monatlich gezahlt – ein paar Jahre lang. Die Familie Lochbihler versuchte, sich in einem langjährigen Prozess gegen die ungerechte Enteignung durch den Staat zu wehren – vergeblich.

Die Familie Lochbihler war nicht die einzige, der man mit Enteignung drohte. „Die haben halt Leute erpresst, praktisch." Das ist es, was Günter Lochbihler empört. „Es geht ja nicht nur darum, dass man weg musste, sondern wie sie die Leute behandelt haben." Viele Bauern haben die Zahlung der BAWAG angenommen und sich damit abgefunden, weil sie durch die Flutung nicht ihre gesamte Existenz verloren hatten.

Und dann ist es plötzlich so weit: Da kommt eines Tages ein Möbeltransporter und räumt unter polizeilicher Aufsicht das ganze Hab und Gut aus dem Haus. So ist es den Lochbihlers im Frühjahr 1954 ergangen, ohne dass sie in der Region ein neues Zuhause in Aussicht gehabt hätten. In einem beengten Wohnwagen auf einem gepachteten Grundstück fanden sie in ihrer Not vorübergehend eine neue Bleibe. Zu den wenigen Habseligkeiten, die sie auf die Schnelle mitnehmen konnten, gehörte das alte Bienenhaus. Die Kühe, die immer noch im Stall standen, bekamen bei der Flutung des Forggensees nasse Füße. Den Wald hat die Familie vorher gemeinsam abgeschlagen, um wenigstens das Holz noch verkaufen zu können.

Den darauffolgenden Winter verbrachte Günter Lochbihler als gelernter Schreiner bei seinem Meister in Rieden. Das Haus, in dem er heute in Füssen, hoch oben im Dachstuhl wohnt, findet er gemütlich. Die Wohnung ist ihm durch seine Mutter zugekommen, erzählt er, die früher hier als Haushälterin ausgeholfen hatte. Damals versuchten sie, verzweifelt einen Neuanfang zu finden. Ins ferne Flachland, in die Gegend um Kaufbeuren und Buchloe,

wo man noch leichter einen Bauernhof bekommen hätte, wollten sie nicht und in der nahen Umgebung gab es zunächst nichts. Erst später wurde der Vater dann schließlich nach unermüdlicher Suche auf der Seealp fündig. Schritt für Schritt bemühte sich die Familie, an ihr vorheriges Leben anzuknüpfen: Auf dem unbebauten Grundstück wurde zuerst ein Stall und danach ein Wohnhaus errichtet. Auch die frühere Gastlichkeit ließen die Eltern des jungen Lochbihler mit dem Aufbau einer neuen Wirtschaft auf dem Hofensemble wieder einziehen.

Wenn im Winter das Wasser abgelassen ist, geht er gelegentlich noch zum Forggensee, dahin, wo er einst wohnte. Wie ehrfürchtig das Haus mit seinen Stallungen direkt an der alten „Via Claudia Augusta" stand, vergisst er nie. „Das hat die Landschaft kaputt gemacht." Der damalige Grundbesitz des Vaters und seiner beiden Brüder in der Füssener Flur werden jetzt für den Kiesabbau genutzt. Während der „Zwangsenteignung" sagte man ihnen noch, dass der Kies hier laut eines Gutachtens nichts wert sei. Jetzt fördern sie 1.000 bis 1.500 Tonnen pro Tag.

„Wenn man jung ist, ist das alles nicht so schlimm. Meine Eltern, für die war's schon schlimmer." Damit meint er den Krieg und gleichzeitig die Vertreibung aus der alten Heimat. „Ich sag immer: Das war ein Justizskandal. Ja, das

Bild oben: Lechlandschaft bei Rieden vor dem Einstau des Forggensees;
im Hintergrund die Königsschlösser und die Ortschaft Waltenhofen
rechts: die Via Claudia – im abgestauten Zustand gibt der Forggensee die alte Römerstraße frei

war Enteignung“, unterstreicht Günter Lochbihler. Denn als unerwartet der Möbelwagen für die Habseligkeiten vor der Tür stand und die BAWAG die Einlagerung der persönlichen Sachen auf einem Bauernhof in Schwangau anordnete, da hatte der Vater noch keinen Vertrag für den Verkauf unterschrieben. „Auf diese Weise ist seither wohl niemand mehr enteignet worden.“

„Und eins noch“, fügt er schnell hinzu, „da ist nochmal ein Mann zu meinem Bruder gekommen, der wohnt ja da draußen an der Seealp, der wollte mit ihm reden. Da haben sie gesprochen, und das war der Sohn vom damaligen Direktor von der BAWAG. Der hat gesagt, dass man uns damals Unrecht getan hätte. Der hat das eingesehen und gemeint, wir müssten noch eine Entschädigung kriegen.“ Dieses späte Eingeständnis hat ihn zumindest mit dem Kampf um eine gerechte Entschädigung ein wenig mehr abschließen lassen. Heute blickt er zurück: „Wir haben ja doch gelebt und sind ja doch wieder zu was gekommen. Jemand, dem Unrecht getan wird, der kommt schon wieder zu was.“

Aufgeschrieben von Lola Scholz, Henriette Brune und Sarah Plotzky

Viele kleine Tropfen können einen Strom erbringen

Hans Schütz, Lechbruck

Hans Schütz

Schriftsteller, Lehrer, Mitglied des Kreistages
Weilheim-Schongau für B 90/Die Grünen
Jahrgang 1951
geboren und aufgewachsen in Lechbruck

Ein Gedicht für den Lech! Eins? Nein, Hans Schütz hat dem Lech schon zahlreiche Gedichte gewidmet. Viele davon sind in seiner Mundart verfasst – dem ostallgäuerischen Dialekt mit Lechbrucker Einschlag. Der pensionierte Lehrer und politisch engagierte Wahl-Peitinger ist in Lechbruck aufgewachsen. Bereits in seiner Kindheit hat sich ein sehr enger Bezug zu seinem Heimatfluss und dessen Auen entwickelt. Er ist ein Verfechter für eine bessere und intensivere Umweltbildung an Schulen. Zudem tritt er für eine stärkere Auseinandersetzung mit unserer Heimat und der Verantwortung, die wir als Menschen ihr gegenüber tragen, ein.

Bild Doppelseite: Felsformationen am Lech bei Lechbruck
oben: Hans Schütz als Schüler
rechts: Naturschutz und Poesie – Hans Schütz während einer Exkursion an der Litzauer Schleife, 2016

Naturschutz am Lech
Große Aufgabe braucht viele Unterstütz
Natur braucht Schutz!
Nur was man kennt, kann man schützen!
Werkzeuge des Naturschutzes
Naturforscher am Lech

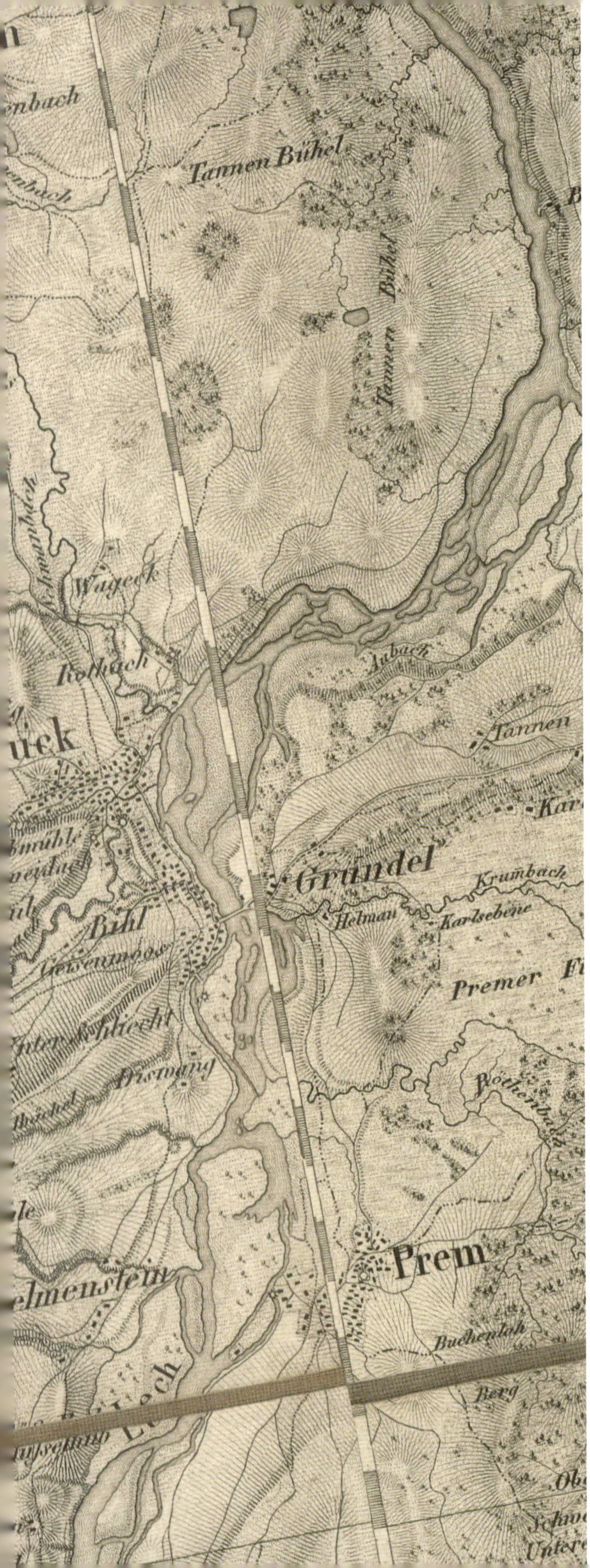

Tannen Bühel
Tannen Bühel
Wageck
Aubach
Tannen
Gründel
Krumbach
Helman
Karlsebene
Premer
Bühl
Dieswang
Prem
Buchenloh
Berg
Lech

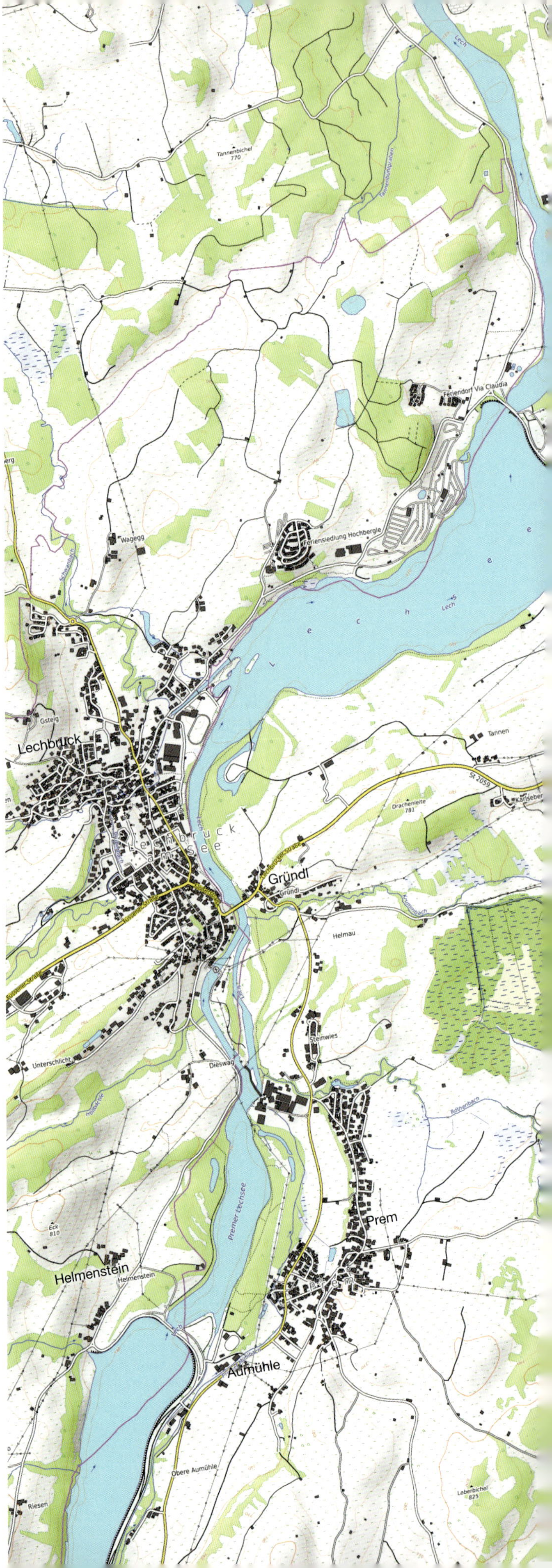

Tannenbichel
770
Feriendorf Via Claudia
Feriensiedlung Hochbergle
Wagegg
Lechbruck
Tannen
St 2059
Drachenleite
781
Gründl
Helmau
Unterschlicht
Prem
Helmenstein
Premer Lechsee
Aumühle
Obere Aumühle

So wie ein Fluss sich seinen Weg durch die Landschaft sucht, bahnt sich die Liebe zum Lech, zur Natur, zu Kunst und Literatur ihren Weg durch das Leben von Hans Schütz. Wenn er an seine Kindheit am Lech denkt, sieht er sich im Unterholz des Höllbachs, der südlich von Lechbruck in den Lech mündet. Mit einem kleinen Beil – ein Geschenk des Großvaters – holzte er seine Pfade zum Lech aus. Er wohnte mit seiner Familie weit außerhalb des Dorfes – „mitten in der Natur", direkt am Wald und in der Nähe des Baches. Er erkundete die Umgebung, zunächst den Garten, den Bach und den angrenzenden Wald. Später auch die etwas weiter entfernte „Wildflusslandschaft" des Lechs. Zu dieser Zeit wurde sie nur durch den Forggensee beeinflusst. Weitere Staustufen sollten erst später folgen.

Mit Nachbarskindern staute Hans Schütz den Höllbach auf und baute Flöße. Schwimmen lernten die Kinder, indem sie einfach in den wilden und reißenden Lech sprangen. Im Wasser, das selbst im Sommer eiskalt war, ließen sie sich einige 100 Meter flussabwärts treiben. Wenn sie die Kälte nicht mehr aushielten, versuchten sie, an Land zu kommen und liefen am Ufer wieder zurück. Dabei wussten sie genau, dass der Lech auch kurzfristig zur Gefahr werden konnte. Durch die Regulierung am Forggensee konnte der Wasserstand in kürzester Zeit erheblich steigen. Aus diesem Grund legten die jungen Abenteurer Markierungen mit Steinen, wenn sie auf den Kiesbänken im Lech spielten. So konnten sie den Wasserstand genau beobachten und sich bei steigendem Pegel rechtzeitig ans sichere Ufer retten.

Im Winter heizte Familie Schütz bis in die 1960er-Jahre hinein noch mit Torf, der gegenüber Holz einen deutlich besseren Heizwert hat. Das benachbarte Premer Filz diente als Brennstoffquelle für die Bewohner der Gemeinden Lechbruck, Prem und Steingaden. Der Torf wurde in Wäsen gestochen. Das ist ein Allgäuer Ausdruck für Torfsoden in Brikettform. Die Wäsen wurden zunächst an der Luft getrocknet und bis zum Winter in einer Hütte gelagert. Im Haus der Familie Schütz war nur die Küche mit einem großen Herd beheizbar. Dort spielte sich das Leben der Familie ab. Das Zimmer, in dem Hans Schütz und sein Bruder schliefen, war ebenso wenig beheizt wie das elterliche Schlafzimmer. „Im Winter waren da die Scheiben mit Eisblumen voll", erzählt er. Aber da es im Herd in der Küche auch einen Behälter mit warmem Wasser gab, aus dem die Wärmflaschen beim Zubettgehen gefüllt wurden, war die Kälte erträglich.

„Wir sind als Kinder in einer relativ armen Zeit aufgewachsen. Aber auf der anderen Seite war es eine sehr reiche Zeit." Mit Freude und auch Dankbarkeit erinnert sich Hans Schütz daran, wie er ganze Tage in den Lechauen verbrachte. Die Eltern verlangten keine Rechenschaft darüber, wo und wie er seine Zeit verbrachte. Einzige Regel war, um 17 Uhr zu Hause zu sein, wenn der Vater von der Arbeit kam. Diese Freiheit in der Landschaft hat ihn geprägt: Hütten, Staudämme und Flöße bauen. Sie gab ihm Raum, seine Grenzen auszutesten und auch mal Dinge zu tun, die nicht erlaubt waren. So wurden für den Floßbau schon mal unerlaubt Bäume gefällt oder Bretter für einen Hochsitz aus einem Bauernstadel abgezweigt.

Noch in Erinnerungen schwelgend stellt der dreifache Vater fest, wie prägend die Erfahrung von Wasser für Kinder sein kann und fragt sich, wie es den heute Heranwachsenden wohl geht, die nur mit Smartphone, X-Box und Computer im Zimmer sitzen. Im Alter von 13 Jahren zog Hans Schütz mit seinen Eltern von Lechbruck nach Steingaden. In den folgenden Jahren interessierte er sich eher für Fußball, Volleyball und Mädchen als für den Lech. Zudem entdeckte er als Redakteur der Schülerzeitung die Freude am Schreiben für sich. Geprägt vom 1968er-Zeitgeist wurde auch sein politisches Interesse zunehmend geweckt.

Nach dem Abitur in Füssen studierte er zunächst – seinem Wunsch folgend – Politik und Soziologie. Da ihm nicht klar war, wie sich mit diesem Wissen Geld verdienen lässt, wechselte er zum Lehramt. Als Grund- und Hauptschul-

Kartenvergleich: Lechbruck um 1850/2018

lehrer mit Klassenlehrerprinzip arbeitete er zunächst 10 Jahre in Steingaden und anschließend 30 Jahre in Peiting, wo er auch heute noch lebt. In seinem Beruf war es ihm wichtig, den Unterricht nicht nur im Klassenzimmer zu gestalten. Um seinen Schülerinnen und Schülern die Natur nahezubringen, bemühte er sich, viel Zeit mit ihnen im Freien zu verbringen. Er betont: „Die Lehrpläne geben das schon her. Man muss sich nur trauen." In seinem Unterricht schufen die Kinder beispielsweise LandArt, also Kunst in und mit der Natur. Er ermöglichte seinen Schülerinnen und Schülern, „sich mit allen Sinnen auf die Natur einzulassen", sodass sie ähnliche Erfahrungen machen konnten, wie sie ihn als Kind geprägt hatten.

Ihm ist es bis heute wichtig, „kleine Oasen zu erhalten".

Durch die von ihm mitinitiierte Zusammenarbeit mit der Bayerischen Lehrerakademie, aber auch der Laufener Naturschutzakademie entstand letztlich ein Netzwerk, dessen Forderungen nach einer strukturierten Umweltbildung gehört und schließlich realisiert wurden: An jeder Schule gibt es seither einen Umweltbeauftragten, an größeren Schulen ein Umweltforum und auch jeder Landkreis bekam einen Umweltfachberater. Die von ihm angestoßenen Projekte reichen vom Öko-Audit an Schulen bis hin zur elektrosmogfreien Schule.

Aber Hans Schütz beließ es nicht bei seiner Tätigkeit als „Umweltlehrer". Er engagierte sich auch ehrenamtlich für den Schutz von Umwelt und Natur. Dabei hatte er größere Zusammenhänge ebenso im Blick wie lokale Angelegenheiten. Nach seinem Politikstudium stand er in der ersten Reihe der 1984 gegründeten „Umweltinitiative Pfaffenwinkel e. V." (UIP), deren langjähriger Pressesprecher er wurde. Sie setzte sich beispielsweise gegen die Luftverschmutzung durch einen Industriebetrieb in Peiting ein. Die Phase Ende der 1970er- und Anfang der 1980er-Jahre hat er als die „Zeit der Bürgerinitiativen" in Erinnerung. Deren Einladungen zu Versammlungen folgten seinerzeit regelmäßig 200 Menschen, bei wichtigen Entscheidungen sogar bis zu 700. In der UIP gab es zeitweise parallel 10 Arbeitskreise, zu deren Treffen regelmäßig 10 bis 20 Teilnehmer kamen. Kein Vergleich zu heute, wenn zu Jahreshauptversammlungen von Umwelt- oder Naturschutzorganisationen maximal 20 Personen erscheinen, von denen der größte Teil noch dem Vorstand selbst angehört.

Für den Lech machte er sich u. a. gegen den Bau eines neuen Wasserkraftwerkes bei Augsburg stark. Ihm ist es bis heute wichtig, „kleine Oasen zu erhalten", betont er. Genau das sei auch die Intention des Vereins Lebensraum Lechtal e. V., dessen Arbeit er deshalb sehr schätzt. Seinen Optimismus und sein unerschöpfliches Engagement bekräftigt er noch mit einem Luther-Zitat: „Wenn ich wüsste, dass morgen die Welt unterginge, würde ich heute noch ein Apfelbäumchen pflanzen." Gleichzeitig gibt er zu erkennen, dass auch sein Optimismus – beispielsweise angesichts des aktuellen Insektensterbens – an Grenzen gerät.

Allein das ehrenamtliche Engagement reichte Hans Schütz nicht aus. Er wollte stärker an politischen Entscheidungen mitwirken. Als Parteiloser sitzt er inzwischen für die Fraktion von B 90/Die Grünen im Kreistag, mischt seit mehr als 15 Jahren in der Kommunalpolitik mit und versteht sich als der „verlängerte Arm der Bürgerinitiativen". Dabei bemüht er sich stets um das, „was für die Allgemeinheit wichtig ist". Dazu gehören u. a. die technischen Verbesserungen der Kraftwerke am Lech bei gleichzeitiger ökologischer Aufwertung, womit zwangsläufig eingeschränkte Gewinne der Kraftwerksbetreiber verbunden sind. Dabei ist sich Hans Schütz bewusst, dass der „Urzustand" des Wildflusses nicht wiederhergestellt werden kann und soll. Er will für gute Kompromisse streiten.

Hans Schütz ist intensiv vernetzt und nutzt dies beispielsweise, um Mitglieder des bayerischen Landtages auf die in den kommenden Jahren ab 2030 auslaufenden Kraft-

werkskonzessionen am Lech aufmerksam zu machen, sie für die daraus resultierenden Herausforderungen für den bayerischen Staat und für die Bürger zu sensibilisieren. Kraftwerksbetreiber Uniper – die „Bad Bank" von E.ON – hat bereits angekündigt: „Wenn die 90 Jahre um sind, geben wir den Schlüssel bei der bayerischen Staatsregierung ab." Diesem Grundsatz, Gewinne zu privatisieren und Verluste bzw. Kosten zu sozialisieren, will er etwas entgegensetzen. In der Landespolitik sei diese Gefahr noch nicht präsent.

Bei aller Kritik an der energetischen Nutzung des Lechs ist sich Hans Schütz aber durchaus auch der mit der Regulierung einhergehenden Minderungen der Hochwassergefahr bewusst. Er erinnert sich noch gut an ein Hochwasser in Lechbruck in seiner Kindheit: Der Sportplatz – zugleich Pausenhof seiner Grundschule – stand damals einen Meter unter Wasser und viele Häuser erlitten Hochwasserschäden.

Nicht zuletzt erreicht Hans Schütz seine Mitmenschen mit seiner Literatur. Schon in seiner Jugend entdeckte er seine Leidenschaft fürs Schreiben. Die Idee, die Erinnerungen an seine Kindheit am Lech vor dem Verlust zu bewahren und schriftlich festzuhalten, begleitete ihn lange Zeit. Im Laufe seines Lebens wuchs sein Bewusstsein für die Vergänglichkeit von Erinnerungen. Auch realisierte er, dass es immer weniger Personen gab und gibt, die er zu den vergangenen Zeiten am Lech befragen könnte. All dies verlieh Hans Schütz ausreichend Mut und Motivation, sich an sein erstes Buch zu wagen. „Nebelstochern – Eine Kindheit am Lech" erschien 2006. Diesem Buch

Bild: Idylle am Lechbrucker Stausee? Invasive Arten wie das Indische Springkraut verdrängen teilweise die heimische Tier- und Pflanzenwelt.

folgten weitere. Dabei beweist Hans Schütz sein Schreibtalent sowohl in Form von Gedichten und Prosa als auch in einer Abhandlung über den Dialekt seiner Heimat. Die Mundart von Lechbruck und Umgebung stellt für ihn eine tiefe Verwurzelung mit der Heimat dar. Dass Dialekte am Verschwinden sind, bedauert Hans Schütz sehr. Deshalb versucht er, die Ostallgäuer Mundart in seinen Texten festzuhalten. Er legt Wert darauf, dem Dialekt keine „museale Käseglocke" überzustülpen, sondern ihn in die Moderne mitzunehmen. In seinen Mundarttexten thematisiert Hans Schütz deshalb auch immer wieder aktuelle gesellschaftliche Probleme. Seine Herzensangelegenheit sind Umweltprobleme, von denen es derzeit ja mehr als genug gibt.

Nachdem das erste Buch von Hans Schütz in erster Linie aus dem Wunsch heraus entstand, seine „wunderschöne Kindheit" für sich und seine Zeitgenossen festzuhalten, möchte er heute vor allem anderen Menschen die Liebe zum Lech vermitteln. So bezeichnet er seine Bücher als „Liebeserklärungen an den Lech". Sie sollen Türöffner sein, die andere Menschen zum Nachdenken anregen. Hans Schütz ist sich sicher, dass sich Musik, Bilder und Literatur sehr gut dazu eignen, Menschen direkt und auf

Bild: Lechbrucker Wasserfall bei Hochwasser

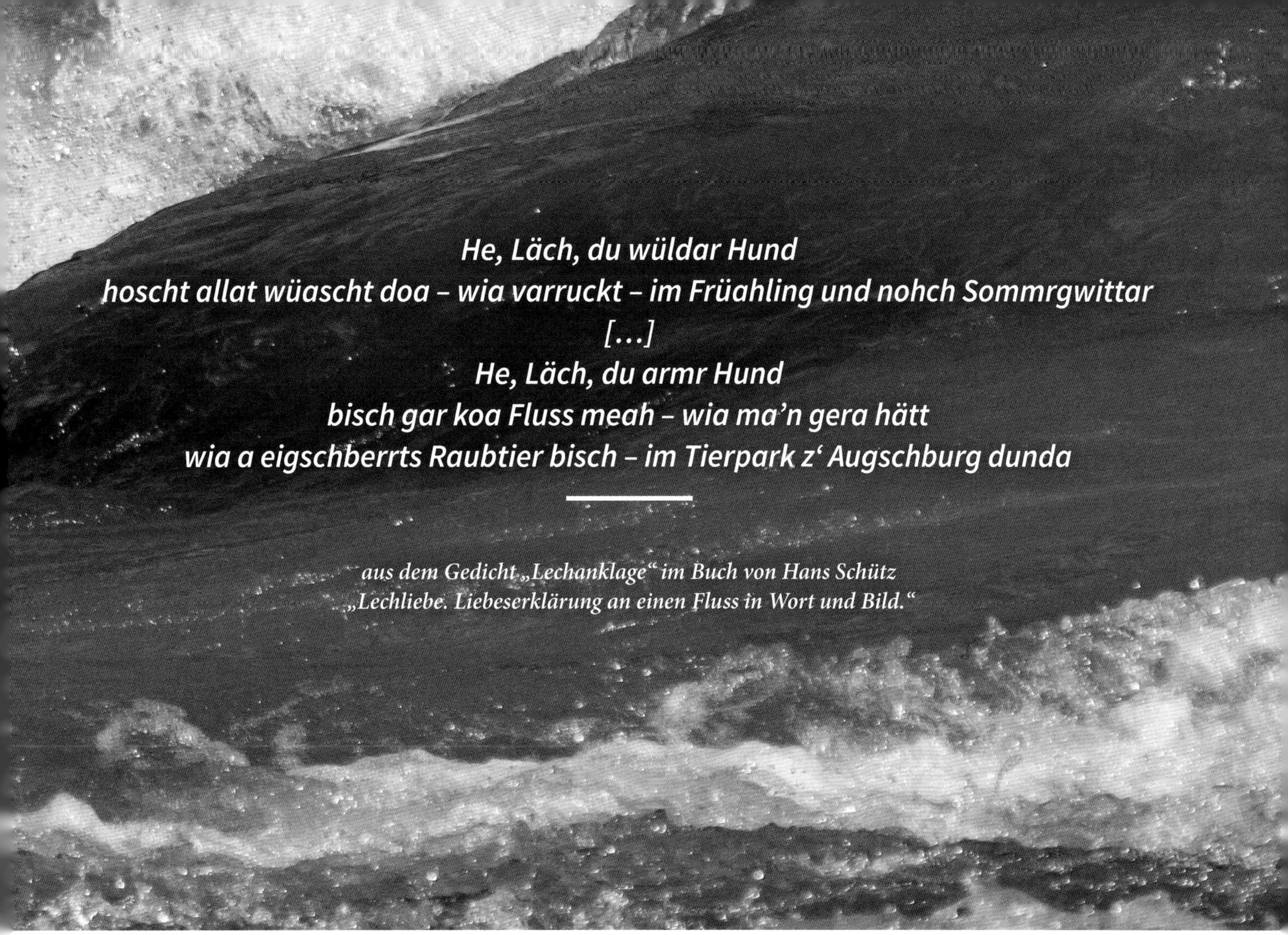

emotionaler Ebene für umweltbezogene Themen zu sensibilisieren. Insofern hofft er, durch seine Bücher eine bessere Welt hinterlassen und mehr Menschen als Lech- und Umweltfreunde gewinnen zu können. Abgesehen davon macht ihm das Schreiben einfach viel Spaß.

Auch wenn er von Peiting aus mit seinen Schülerinnen und Schülern eher an die noch naturnahe Ammer fuhr, bemerkt er rückblickend: „Mich hat's immer wieder zum Lech zurückgezogen." Leidenschaftlich gerne wandert er heute am Lech mit seinen Nebentälern sowie in die angrenzenden Berge am Tiroler Lech. „Da geht mir das Herz auf", beschreibt er sein Gefühl beim Blick auf den Lechzopf vom Baichlstein bei Stanzach. Der Lech prägte sein Leben und tut es noch immer – in der Kindheit ebenso wie später bei seinem beruflichen und ehrenamtlichen Engagement. „Am Lech sind wir auf einem guten Weg", ist er sich sicher. Hierfür ist nicht zuletzt das Wirken von Menschen wie Hans Schütz verantwortlich, die gemeinsam an einem Strang ziehen. Denn: „Viele kleine Tropfen können einen Strom erbringen."

Aufgeschrieben von Valeska Steinert und Joscha Kuhlmann

Der Draufgänger und der Kümmerer – die Naturschutzwächter

Fridolin Schwarz, Steingaden
Sebastian Gast, Burggen

Fridolin Schwarz

staatlich geprüfter Bautechniker, Kachelofenbauer
Jahrgang 1939
geboren und aufgewachsen in Tannenberg/Burggen
wohnhaft in Steingaden

Sich um die Natur kümmern und für die Landschaft der Heimat einsetzen, das sind die Stützpfeiler, an denen Fridolin Schwarz sein Engagement ausgerichtet hat. Diskussionen und Streit hat er meist den anderen überlassen. Was ihn auszeichnet, ist die Verbundenheit zu Pflanzen, wie dem Frauenschuh und der Sumpf-Gladiole, und die Freude daran, diesen Gewächsen gemeinsam mit den jeweiligen Landbewirtschaftern ein besseres Auskommen zu ermöglichen. So stehen einige der Pflanzen, für die sich Fridolin Schwarz einsetzt, sogar auf der Liste der vom Aussterben bedrohten Arten – genauso wie die Menschen, die es ihm gleichtun …

Bild Doppelseite: Litzauer Schleife; links: Fridolin Schwarz mit seinen jungen Schwertlilien – eine der Arten, die es ohne sein Zutun in der Region noch seltener oder überhaupt nicht mehr geben würde
oben: vor Jahrzehnten wuchsen entlang des Lechs der Raue Kranzenzian und zahlreiche andere Enzianarten (Lechbruck), 1960

Sebastian Gast

Maler, Restaurator
Jahrgang 1937
geboren und aufgewachsen in Burggen

Unermüdlich und manchmal auch mit einer „Mordswuat im Bauch" ist Sebastian Gast derjenige, der mit allen Möglichkeiten, die sich ihm bieten, für den Schutz seiner Burggener Heimat einsteht. Einerseits im direkten Einsatz mit Motorsäge und Axt, um zugewachsene Bereiche wieder für seltene Pflanzen aufzuwerten. Und andererseits mit klarer Stimme und seiner autoritären Art, mit der er gegen Landschaftsfrevel vorgeht – immer in dem Wissen, dass das Recht auf seiner Seite ist und sein Gegenüber sich so verhält, als hätte es kein Gespür dafür, wie man der freien Landschaft mit Respekt begegnet.

oben: Litzauer Schleife bei Burggen, Gemälde von Johann Mutter, 1970
rechts: Naturfrevler, bleibt zuhause! – Naturschutzwächter Sebastian Gast an der Litzauer Schleife, 2018

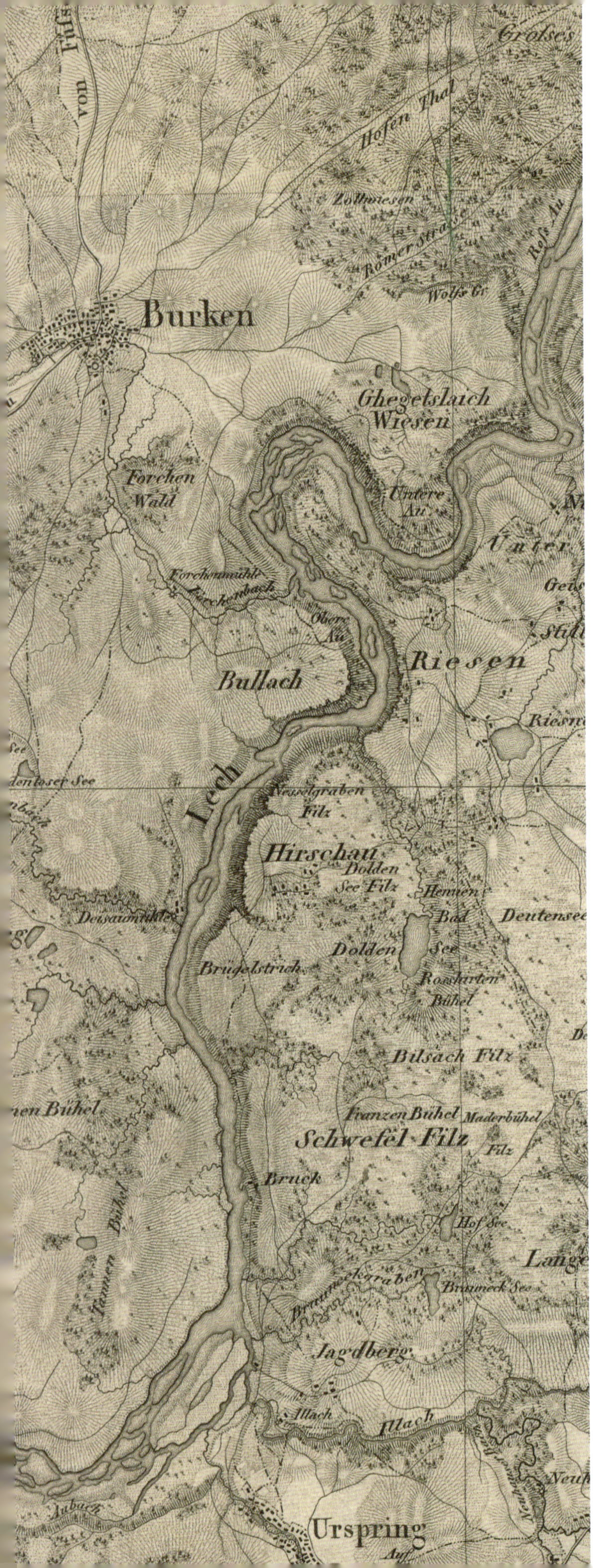
Burken
Hofen Thal
Zollwiesen
Römerstrasse
Ghegetslaich Wiesen
Forchen Wald
Untere Au
Forchenmühle
Obere Au
Riesen
Bullach
Lech
Nesselgraben Filz
Hirschau
Dolden See Filz
Deutensee
Dolden
Brugelstrich
Roshirten Bühel
Bilsach Filz
Franzen Bühel
Maderbühel
Schwefel Filz
Bruck
Hof See
Jagdberg
Illach
Urspring

Burggen
Rossau
Forchenmühle
Riesen
Hirschau
Dessau
Lechbruck
Urspring
Stein

Am Lech, da war ma dahoam." Fridolin Schwarz und Sebastian Gast sind Naturschützer aus vollem Herzen und lieben die Landschaft am Lech bei Burggen, ihre Heimat. Für Sebastian Gast, „da Bastl", war die Lechalm in seiner Kindheit der zentrale Punkt des dörflichen Lebens. Der Hirte, der diese Alm mehr als 30 Jahre lang bewirtschaftete, ist für ihn ein richtiges Original und eine Person, die ihn und seinen Bezug zur Natur besonders prägte. Wie der Lech selbst war Sebastian Gast recht wild und suchte immer Abenteuer und Konfrontation. Ganz im Gegenteil zu seinem nur 2 Jahre jüngeren Freund Fridolin Schwarz. Dieser ist in die Begeisterung für die Natur „hineingewachsen" durch die enge Beziehung zu seiner Mutter, die unzählige Blumen kannte und diese sehr mochte. Die Blumen haben ihn sein ganzes Leben begleitet, man könnte sagen, er fühlt sich für sie verantwortlich. 50 Jahre lang war er ein begeisterter Imker, nachdem ihn ein Lehrer damit vertraut gemacht und ihm schließlich im Schulgarten einen Bienenschwarm geschenkt hatte. Dies war wiederum Anknüpfungspunkt zum Vater von Sebastian, der ebenfalls Imker war. Dem war die Verschiedenheit der beiden Burschen auch sehr bewusst und oft sagte er lachend zu Fridolin: „Herrgott, hab ich mit dem Bastl schon Ärger gehabt."

Ihren Weg zum Naturschutz fanden die beiden mehr oder weniger durch einen Zufall Anfang der 1980er-Jahre. In einem Feuchtgebiet hatten sie eine Sibirische Schwertlilie gefunden, welche schon zur damaligen Zeit eine botanische Rarität war. Sie informierten daraufhin das Landratsamt darüber, denn sie waren der Meinung, man müsse das Vorkommen einer so besonderen Pflanze im Lechtal unbedingt schützen. So kam es, dass das Landratsamt die beiden Männer ganz gezielt danach fragte, ob sie nicht als Naturschutzwächter in der Litzauer Schleife arbeiten wollten. Sebastian Gast ist sich sicher: „Die wollten Einheimische, weil nur solche Leute, die auch aus der Region kommen, genug Rückgrat und Autorität haben, um diesen wunderbaren Abschnitt zu überwachen und zu pflegen." 1984 besuchten sie die Laufener Naturschutzakademie und absolvierten eine Ausbildung, um das nötige Hintergrundwissen über den Lebensraum und ihre zukünftigen Tätigkeiten zu erlangen. Im gleichen Jahr begann ihr Dienst bei der Naturschutzwacht.

Bis dahin hatte der Naturschutz an der Litzauer Schleife schon eine turbulente Zeit hinter sich. Während in den 1950er-Jahren bereits ein großer Teil des Lechs zur Energiegewinnung verbaut war, wurde erbittert darum gekämpft, die Litzauer Schleife zu verschonen. Sebastian Gast und Fridolin Schwarz waren damals noch sehr jung, aber sie erinnern sich daran, dass die meisten Leute im Dorf den geplanten Kraftwerksbau (Staustufe 5) befürworteten. Dem Bürgermeister sei der Naturschutz „scheißegal" gewesen, denn er war erpicht auf die Einnahmen der Gewerbesteuer durch die Kraftwerksbetreiber. Außerdem hatte die BAWAG dem Landkreis Schongau 1.000.000 DM geboten, um den Schutzstatus des Gebietes aufzuheben. Die wenigen Naturschützer, die sich dagegenstellten – eine Kerngruppe aus 3 Personen –, wurden als „de greana Hund" verpönt und zum Gespött gemacht.

Hierzu gibt es eine Anekdote, die sich im Fasching zutrug: Beim Faschingsumzug im Dorf stand ein Teilnehmer auf einem Wagen, ein Paar Stöckelschuhe in der Hand, und rief: „Das ist ein echter Frauenschuh!" Fridolin Schwarz erinnert sich, denjenigen 2017 getroffen zu haben, woraufhin er diese Begebenheit wieder zur Sprache brachte. „Da hat er nicht gelacht", meint Fridolin Schwarz. „So einen Schmarr'n tät' ich heut nicht mehr machen", habe der andere erwidert. So hat der Betreffende wohl nun auch eingesehen, dass durch den Verbau die Vielfalt am Lech stark abgenommen hat und schützenswerte Pflanzen, wie der Frauenschuh, Knabenkräuter oder Sumpf-Gladiolen, heute nur noch in Restbeständen vorkommen.

Die „greana Hund", also die erwähnten 3 Naturschützer, die damals so erbittert gekämpft hatten, stellten sich entschlossen gegen den Kraftwerksbau. Rückendeckung erhielten sie vom Landrat aus Schongau, der nicht auf das

Kartenvergleich: Burggen um 1850/2018

Angebot der BAWAG einging, sowie von einigen anderen Mitarbeitern der Verwaltung, die Macht und Einfluss geltend machen konnten. Doch nicht nur die Macht von Amts wegen bewirkte den Erhalt der Litzauer Schleife, sondern auch die Entschlossenheit, mit der sich diese wenigen Aktiven dafür einsetzten. Dies hat Fridolin Schwarz sehr imponiert und er hat daraus gelernt, dass auch wenige Leute durchaus Beachtliches bewirken können.

Der ganzen Diskussion um den Bau der Staustufe 5 wurde schließlich ein Ende gesetzt, als der BUND Naturschutz in Bayern e. V. Anliegerflächen, nämlich die einzigen, die die Zufahrt zur geplanten Baustelle ermöglicht hätten, aufkaufte. Dieser Akt legte sozusagen den Grundstein für die Tätigkeit von Sebastian Gast und Fridolin Schwarz als Naturschutzwächter an der Litzauer Schleife, und im Laufe der Zeit hat sich auch allerhand zugetragen. Schon damals war klar, dass die verschiedenen Lebensräume – von den Kiesbänken über die Auwälder bis hin zu den Schneeheide-Kiefernwäldern – besonderer Pflege bedürfen, ganz besonders ab der Zeitspanne, als dem wilden Lech ober- und unterhalb der Litzauer Schleife ein Korsett aus Beton angelegt worden und die typische Dynamik durch die jährlichen Hochwasser (sowie die Nachlieferung von Kies) unterbrochen war. Heute zeigt sich, dass auf den frisch angelagerten Kiesbänken, wo früher die größte Artenvielfalt zu finden war, die Verbuschung unaufhaltbar fortschreitet, was durch das jetzt fehlende Rotwild noch verstärkt wird. Dieses ist Sebastian Gast und Fridolin Schwarz aus ihren Kindertagen in den Lechauen noch gut im Gedächtnis. Bei der Erinnerung daran, dass zu ihren Anfangszeiten als Naturschutzwächter „die Jungen“ dirigiert wurden und man mit Machete und Kettensäge zum Landschaftspflege-Großeinsatz ins Feld zog, leuchten ihre Gesichter auf. Beide machte es stolz, zu sehen, dass sie durch ihr Wirken sichtbaren Erfolg erzielten. Fridolin Schwarz ist sich sicher: Die Aue, die sie damals kultivierten, hat heute noch Bestand.

Aber nicht nur die Pflege zählte zu ihren Aufgaben. Vor allem Sebastian Gast wurde seinem Namen als Naturschutz-

wächter mehr als gerecht. „In der Nacht, wenn in der Disko nichts mehr war, hat er die Karre gepackt und ist raus." Bei seinen nächtlichen Patrouillen durchs Naturschutzgebiet erlebte er so allerhand – von Alkohol und Rauschgift über Motorradtruppen mit bissigen Hunden bis hin zu geheimer Bauschuttentsorgung war so ziemlich alles dabei. Aufgrund seiner autoritären Erscheinung sei aber immer alles recht glimpflich abgelaufen. Als Sebastian Gast einmal eine Gruppe Jugendlicher erwischte, drohte er ihnen mit Anzeige, wenn er am nächsten Tag auch nur eine Flasche von ihnen fände. „Auch die Musik und das Lagerfeuer haben sie sofort ausgemacht." Ganz klein mit Hut seien sie gewesen und „kein Fitzerl" habe er auf seinem Kontrollgang am darauffolgenden Morgen mehr gefunden. So reibungslos ist es allerdings nicht immer zugegangen. Vor allem mit den Landnutzern habe es oft Schwierigkeiten gegeben. So hat es Fridolin Schwarz einmal mit einem besonders „verbissenen, blöden Hund" zu tun gehabt, als es um das Vorkommen von Sumpf-Gladiolen am Lechhang ging. Er hatte den Bauern gebeten, beim Ausbringen der Gülle einen halben Meter Abstand zu halten, um den Pflanzenbestand durch den Nährstoffeintrag nicht zu gefährden. Denn zu viel Düngung bedeutet für eher konkurrenzschwache Pflanzenarten, dass sie von anderen Arten verdrängt werden und verschwinden. Der Bauer war aber total verbissen und wollte nicht klein beigeben. Fridolin Schwarz, der viel weniger konfrontativ an die Sache heranging als sein Freund und Kollege, sah davon ab, sich mit dem sturen Bauern anzulegen. „Den Fall hab ich nicht derhebt" (halten können), fasst er heute zusammen und so beschloss er, sich stattdessen auf eine Stelle zu konzentrieren, wo das Vorkommen der Sumpf-Gladiole üppiger war. Manchmal, so sagt er, muss man sich eben auf die Stellen konzentrieren, wo es auch Sinn macht, anstatt die Energie zu verschwenden. Sebastian Gast meint dazu, dass von 5.000 Bauern nur 2 dem Naturschutz gegenüber aufgeschlossen seien. Ein Feuchtgebiet ist seiner Meinung nach für einen Bauern nichts anderes als eine „Drecklache" und die Landwirte sehen die Blumen nicht, die dort wachsen. Früher sei das aber alles noch nicht so

Bilder von links nach rechts: Gelber Frauenschuh (Schongau), Feuer-Lilie (Augsburg), Sumpf-Gladiole (Königsbrunn), Sibirische Schwertlilie (Tagliamento)

schlimm gewesen, weil die Möglichkeiten von heute noch nicht geboten waren. Es gab noch nicht so gute, auf „Intensivlandwirtschaft" getrimmte Maschinen und auch der Düngemittel- und Pestizideinsatz war geringer. „Wo man früher dreimal mähte, mäht man heute sechsmal. Dass das Ganze dann auch noch vom Staat bezuschusst wird, macht alles nur noch schlimmer."

Viele Konflikte zwischen Landnutzung und Naturschutz sind demnach kein Phänomen der Gegenwart. Aber die Herangehensweisen haben sich im Laufe der Zeit geändert. Auf einen Biologen, der seinerzeit zur fachlichen Unterstützung der Naturschutzwächter an die Litzauer Schleife geschickt wurde, blicken Fridolin Schwarz und Sebastian Gast mit Argwohn zurück: „Der hat Sachen gemacht, dass es dir die Haare aufstellt!" Die 3 bis 4 Meter hohen langsamwüchsigen Säulenwacholder habe er einfach umgeschnitten, um mehr Licht an den Boden gelangen zu lassen. Der erhoffte Erfolg blieb jedoch aus, da der Frauenschuh, um dessen Schutz es ging, eher Halbschatten bevorzugt. „Dann ist ihm das mit der Schafweide noch eingefallen – undenkbar!", so die beiden Naturschützer. Orchideenwiesen zu beweiden, das war damals eine unvorstellbare Pflegemaßnahme, woraufhin die Naturschutzwächter die Orchideen einzäunten, um sie vor dem Verbiss zu beschützen. „Es kommt immer auf die Ausgewogenheit an. Schafe fressen alles nieder. Die Rindviecher haben die [gemeint ist der Frauenschuh] kaum wollen." Diese Orchideen sind auch heute noch erhalten. Um die Orchideen, vor allem um den Frauenschuh, drehte sich für Fridolin Schwarz ein Löwenanteil seiner Arbeit im Naturschutz. Als es in der Aue zur Beweidung kam und die Schafe den Frauenschuh verbissen, rutschte er im Nachhinein auf den Knien dahin und drückte die Überreste der Wurzelstöcke eigenhändig wieder in die Erde hinein. Den Naturschutzreferenten, der die Beweidung in diesem Bereich in Auftrag gegeben hatte, rügte er streng und bestimmt. Dies war nicht der einzige Fall, in dem er derart mit Herzblut für den Erhalt der Artenvielfalt eintrat. Der Naturschutzreferent gab allerdings zu verstehen, dass er mit Herrn Schwarz nicht über das Thema Beweidung und den Frauenschuh sprechen wolle. Da meinte dieser: „Das macht nichts, dann sprechen eben andere mit mir über den Frauenschuh." Nie ließ er sich davon abbringen, alles zu tun, um seine geliebten Pflanzen zu schützen.

Für Fridolin Schwarz und Sebastian Gast unverständlich bleibt bis heute, warum man noch im Jahr 2014 120-jährige Fichten an den Lechleiten mit der Begründung fällte, dies steigere die touristische Attraktivität, da man nun einen freien Blick auf die Litzauer Schleife genießen könne. Doch erwähnt Sebastian Gast, dass da ja auch einiges an Holz gemacht wurde und wohl jemand den Hals nicht voll bekommen konnte ... Zudem sieht er für den Naturschutz darin eine Gefährdung, alles touristisch zu erschließen und die Menschen direkt zu den schützenswertesten Flecken hinzuführen: „An einem Tag gehen sie mit auf die geführte Wanderung, um Frauenschuh und Co. zu sehen, und am nächsten Tag kommen sie mit dem Spaten", um die Pflanzen in ihren Garten „umzusiedeln".

Fridolin Schwarz ist sich sicher, das sein Einsatz etwas gebracht hat. Stolz blickt er zurück und kennt genau die Plätze, an denen die Populationen von Sumpf-Gladiole, Frauenschuh und Knabenkräutern durch ihre Bemühungen bis heute erhalten geblieben sind. Auch anderweitig haben sie den Pflanzen unter die Arme gegriffen: „Am Lechufer

Bild: Rotmilan über der Litzauer Schleife – eine der Verantwortungsarten für Deutschland, die hier ihren Verbreitungsschwerpunkt hat

wuchsen früher Feuer-Lilien und die haben zur Vermehrung nicht nur Samen, sondern auch Brutknospen in den Blattachseln.“ Diese haben die versierten Naturschützer dann abgeerntet, daraus Zwiebeln gezogen, dann wieder an den Lechleiten ausgepflanzt und somit dafür gesorgt, dass auch heute noch einzelne Feuer-Lilien dort blühen.

Für Fridolin Schwarz ist andererseits auch klar, dass es Bereiche gibt, die sich einfach verändert haben – damit muss man leben. Man könne seines Erachtens durchaus etwas über das Reden mit den Leuten erreichen. Es komme dabei vor allem darauf an, wie man auf die Menschen zugehe. Für entscheidend hält er es, im richtigen Moment zu handeln, auf die richtige Art und Weise mit dem jeweiligen Akteur, der Akteurin ins Gespräch zu kommen und dann den richtigen Lösungsvorschlag zu erarbeiten. Sebastian Gast fügt hinzu, für ihn sei es wichtig, dass den Naturschützerinnen und Naturschützern der Gegenwart bewusst sei, dass ihr Werk auf das von ihm und Fridolin Schwarz aufbaue. Ein leichter Vorwurf an die Gesellschaft schwingt in seiner Stimme mit, aber er ist kaum zu hören: „Natur wollen alle, aber wenn es an die Arbeit geht, da siehst du keinen.“

„Da Bastl, was der da mitgemacht hat, der ist ja gleich frontal drauf gegangen.“

So, wie der eine am Tag für die Blumen einstand und der andere in der Nacht für Ordnung sorgte, verbindet die beiden einerseits ihr großes Engagement für die Natur, andererseits sind aber auch ihre Persönlichkeiten unterschiedlich wie Tag und Nacht. So beschreibt Fridolin Schwarz seinen Partner: „Da Bastl, was der da mitgemacht hat, der ist ja gleich frontal drauf gegangen.“ Dessen Wirken bei der Naturschutzwacht war eher konfrontativ und kämpferisch, er strahlte eine Autorität aus, die ihm dabei half, Leute in die Schranken zu weisen, die sich nicht an die Regeln im Naturschutzgebiet hielten. Auch als passionierter Bergsteiger und begeisterter Motorsportler konnte er sein draufgängerisches Naturell ausleben. Er hat das Matterhorn und den Mt. Blanc ebenso bestiegen wie zahlreiche Gipfel in Südtirol. Auf diesen Bergtouren hat er auch die alpine Flora kennen- und schätzen gelernt. Noch heute setzt sich Sebastian Gast für die bedrohten Arten ein. Etwas ab vom Lech bei Burggen wächst auf einer Wiese noch der seltene Gelbe Enzian. Doch die Wiese wurde in der Vergangenheit immer zu früh gemäht. „Dann bin ich zu dem Landwirt hin und hab mit ihm ausgehandelt, dass er ab jetzt immer einen Teil stehen lässt, damit der Enzian blühen und aussamen kann.“

„Ich bin immer ein bisschen ausgewichen“, sagt Fridolin Schwarz. Im Kontrast zu Sebastians Erlebnissen auf seinen nächtlichen Streifzügen stehen Fridolins Kontrollgänge zur Überprüfung der Bestände der bedrohten Pflanzen. Einmal habe er auf einer dieser Wanderungen durch die Auwälder um die Litzauer Schleife eine Frau getroffen, deren Aufgabe es war, die Anzahl der Sumpf-Gladiolen im Gebiet zu erfassen. Sie tauschten sich über die Pflanze aus und schätzten gemeinsam den Bestand im Gebiet. „Von so erfahrenen Naturschützern“, sagte die Frau, „kann man noch so einiges lernen.“ Er findet es wertvoll und wichtig, das Wissen über die Natur an die folgenden Generationen weiterzugeben und bedauert, dass heute in der Schule zu wenig über die Blumen gelehrt wird. Unerträglich ist es für ihn, dass die Artenkenntnis heute nicht mehr über das Gänseblümchen und den Löwenzahn hinausgeht. „In der Schule wird das nicht (mehr) gelehrt und die Eltern wissen auch nicht, was sie antworten sollen, wenn ihr Kind ankommt und fragt, was das für eine Blume ist.“ Fridolin Schwarz ist der sanfte Kümmerer, welcher zum ersten Mal am Rande einer Löwenzahnwiese eine Sumpf-Gladiole entdeckte und beschloss, auf sie aufzupassen, und auch der, für den klar ist, dass es auf die Ausgewogenheit ankommt.

Aufgeschrieben von Lisa Maier und Lisa Herzog

Der Lechhirte

Konrad Schleich, Burggen

Konrad Schleich

Zimmerer, Landwirt, Hirte auf der Burggener Alm
Jahrgang 1933
geboren und aufgewachsen in Burggen

Er war mit dem Vater schon als kleiner Bub auf der Burggener Alm und hat das Hirtendasein sozusagen mit der Almmilch aufgesogen. Den Lech hatte er dabei im wahrsten Sinne des Wortes immer im Blick, denn die Weideflächen liegen direkt am Hang am Anfang der Litzauer Schleife. Sie zählt zu den wenigen Lechabschnitten in Bayern, die im Laufe von Konrads Leben nicht aufgestaut wurden. Sein dortiges Aufwachsen lehrte ihn sowohl die guten Seiten als auch die Tücken des Wildflusses einzuschätzen. Mit ein paar Unterbrechungen war er sein gesamtes Berufsleben (und darüber hinaus) Hirte auf der Burggener Alm und hat dafür gesorgt, dass ein Stück alte Lechlandschaft bis heute erhalten geblieben ist.

Bild Doppelseite: Morgenstimmung an der Burggener Alm
oben: die Alm der Weidegenossenschaft Burggen, 1906
rechts: Konrad Schleich auf „seiner" Alm, 2018

Zollwiesen
Römer Strasse
Wolfs Gr.
rken
Ghegetslaich
Wiesen
Untere
Au
Obere
Au
Bullach
Riese
Lech
Nesselgraben
Filz
Hirschau
Dolden
See Filz
Hennen
Bad
Dolden
See
Brugelstrich
Bühel

Zollwiesen
Burggen
Ghagetslaichwiesen
Litzauer Schleife
Lech
Riesen
Hirschau
Doldensee

Konrad Schleich ist ein Urgestein des Lechs. Genügsam hat er sein ganzes Leben an diesem Fluss in Burggen verbracht und mit ihm gelebt. Als Viehhirte sorgte er dafür, dass es den ihm anvertrauten Rindern in den Lechleiten und -auen gut ging. Während mancher Schicksalsschlag seinen Lebensweg krümmte, wurde der einst wilde Flusslauf begradigt. Die scheinbar trennenden Gegensätze hatten verbindenden Charakter. Denn trotz der Veränderungen blieb der Fluss die große Konstante in Konrads Leben. Der Lech war immer da, war beständig wie er. Nur einmal war Konrad nicht da – zur Hochzeit. „Ja, geheiratet haben wir in Einsiedeln in der Schweiz", erzählt er sichtlich stolz.

In seiner Kindheit, als der Fluss noch wild und lebendig war, konnte er das Rauschen des Wassers bis zum Haus in Burggen hören. „Das war schön", schwärmt Konrad Schleich, „als der Lech noch seine Kraft hatte." Doch nur wenige haben sich getraut, in ihm das Schwimmen zu lernen. Für ihn und seine Freunde wurde der Fluss zur Kulisse für ausgelassene Spiele wie Cowboy und Indianer. Aber vor allem war seine Mitarbeit gefragt, als er mit 14 Jahren offiziell Hirtenbub wurde. Doch bereits davor musste er fast täglich auf der Burggener Alm mithelfen. „Da hat nie jemand wegen Kinderarbeit gefragt – das war damals normal." Und im Herbst, wenn das Obst reif war und der Lech wenig Wasser hatte – erzählt er mit einem verschmitzten Lächeln – „bin ich durchgewatet und hab mir einen Rucksack voll Äpfel aus Riesen geholt."

Der Lech war und ist sein Wohn- und Arbeitsumfeld zugleich. Sein Haus steht keinen Kilometer von der Burggener Alm und damit vom Lech entfernt. Auch wenn das Hochwasser so manche Anliegergemeinde ängstigte, Konrad Schleich konnte es nicht verunsichern. Der Lech dort an der Litzauer Schleife ist zu tief eingegraben, um es bis in die Ortschaft und zu seinem Haus zu schaffen. Er kannte jedoch die Gefahr und wusste dem Lech mit Ehrfurcht zu begegnen. Fremde hingegen unterschätzten oft die Kraft des wilden Flusses. Auch die Arbeiter an der nahe gelegenen Staustufe, die den Lech zu bändigen versuchten, unterlagen anfangs seinen Tücken. Einem sich ankündigenden Hochwasser begegneten sie zunächst mit den überheblichen Worten: „Das bissl Wasser füllen wir in Flaschen ab." Nach anhaltenden Regenfällen und Gewittern wurde der Lech so tosend, dass selbst die vermeintlich in Sicherheit gebrachten Werkzeugkästen von seinen Fluten mitgerissen wurden.

Das war wohl das letzte Aufbäumen des Flusses vor der unausweichbaren Verbauung. Dies zeige nur zu gut, wie er sich gegen seine Bändiger zu wehren versuchte. „Der Lech isch unberechenbar", sagt Schleich und fügt nach einem stillen Moment mit eindringlicher Stimme hinzu: „Jetzt nimmer ... Ja, der Lech war schon ein wilder Hund!" Auch wenn der Lech seine Tücken hatte, hin und wieder ein Rind fortschwemmte und einigen Unvorsichtigen das Leben nahm, wird klar, dass Konrad Schleich die wilden Zeiten vermisst. Jeder Tag mit dem Lech war anders. Die Beständigkeit der Veränderung war sein Programm. Der Lech sah jeden Tag anders aus. Jedes Hochwasser änderte das Flussbett und gab ihm ein neues Gesicht.

Auch wenn Konrad Schleich in seinem Ausbildungsberuf als Zimmerer arbeitete, so führte ihn ein lebensverändernder Unfall schließlich wieder zurück zu seinen Lech-Wurzeln. Das ist nicht weiter verwunderlich, denn er ist – wie er sagt – völlig gesund aufgewachsen, immer an der frischen Luft bei den Tieren auf der Weide der Burggener Alm. Aber anstrengend war es ohne Frage.

Sein Großvater war Gründungsmitglied der 1906 gegründeten Weidegenossenschaft, der zunächst 60 bis 70 Stück Jungvieh, später 120 aus dem Großraum Burggen anvertraut wurden. „Heute sind's nur noch 22 Stück", bedauert er. Dies hängt wohl eng mit der veränderten Situation in der Milchwirtschaft zusammen. Der Vater war 17 Jahre lang Vorstandsmitglied der Weidegenossenschaft Burggen. Gehört es sich an einem Ort wie diesem, das zu tun, was einem vorgelebt wird, und in die Fußstapfen der

Kartenvergleich: Litzauer Schleife um 1850/2018

Eltern und Großeltern zu treten? Vielleicht. Aber ausschlaggebend für Konrad Schleichs zunächst 20-jähriges Hirtenleben war vielmehr die Freude an dieser Arbeit, ohne die ein Leben wie das seine undenkbar wäre. Umso mehr bedauert er, dass bei seinen beiden Söhnen das Interesse für die Landwirtschaft nicht wirklich ausgeprägt war. Nach einer mehrjährigen Hirtenpause kamen dann nochmals 20 Jahre, von 1998 bis zum heutigen Tag, als sogenannte Dauervertretung hinzu.

Ohne die natürlichen Kiesbänke, die als Brutplätze und damit der Arterhaltung dienen, ist es dem seltenen Vogel nicht möglich, sich anzusiedeln.

Er hatte ein intensives und inniges Verhältnis zu den Tieren und kannte jedes einzelne seiner durchschnittlich 30 Stück Jungvieh. Besonders ein Tier geht ihm bis heute nicht mehr aus dem Kopf. Diese Kuh folgte ihm fast überall hin. Es schien, als sei sie auf ihn geprägt. Und er erzählt von einem in der Tat verbindenden Erlebnis: Häufig kam es vor, dass seine Kühe bei niedrigem Wasserstand versuchten, auf die andere Uferseite zu gelangen, da das Gras ja bekanntlich auf der gegenüberliegenden Seite schmackhafter ist. Aber welche Kuh kann schon ahnen, dass dies mit Gefahren verbunden ist? Eine der bei diesen Abenteuern verloren gegangenen Kühe fand er schließlich nach langer Suche wieder, brachte sie zurück zur Alm und rettete ihr damit vielleicht das Leben. Aber ein wirklicher Jungbrunnen war die Burggener Alm für die Tiere nicht, denn sie wurden oft krank. Vermutlich bekamen die Tiere in der Nacht im Stall – in dem es früher kein Wasser gab – starken Durst und tranken morgens recht große Mengen kaltes Lechwasser. Möglicherweise erkälteten sie sich und holten sich Würmer. Das wurde erst besser, als sie die Tiere in der Nacht auch im Freien ließen – jedoch verbunden mit der Befürchtung, sie könnten gestohlen werden.

Der noch heute bekannte und beliebte Fleck am Lech, direkt an der Alm, ist die Litzauer Schleife. Sie war auch damals schon von Bedeutung für den Naturschutz. In seiner Erinnerung brüteten in den 1970er-Jahren dort auf der sogenannten Vogelinsel zwei Flussseeschwalbenpärchen. Diese Besonderheit war jedoch in Gefahr und schien verloren zu gehen. Ohne die natürlichen Kiesbänke, die als Brutplätze und damit der Arterhaltung dienen, ist es dem seltenen Vogel nicht möglich, sich anzusiedeln. Durch die stetig voranschreitende Verbauung des Lechs konnte der Fluss immer weniger Kies transportieren. Keine der Kiesbänke war auf Dauer zu sichern. Das galt in gleichem Maße für die Vogelinsel als Lebensraum. Um sie zu erhalten, wurde die Insel auf Betreiben des Landesbundes für Vogelschutz mit Zement befestigt, so entstand praktisch eine künstliche Insel, die jedoch ihrer Dynamik beraubt war. Dieser Versuch zum Lebensraumerhalt war – wie zu erwarten – vergebens. Die Kiesbank wurde bald von Brennnesseln erobert und die Flussseeschwalben verschwanden.

Der Spott galt allerdings den Bewohnern von Burggen. Es wurde ihnen nachgesagt: „Sie haben die Brennnesseln gesät." Dabei hat sich auch Konrad Schleich dafür eingesetzt, dass sich nicht jeder auf der Insel niederlässt und mit seiner bloßen Anwesenheit die Vögel vertreibt. Denn von dem Schild, welches das Betretungsverbot der Kiesinsel zur Brutzeit aussprach, ließ sich kaum jemand beeindrucken. „Es war mal einen ganzen Sommer dort ein Zelt drin gestanden", das dort eigentlich nicht hätte sein dürfen. „Wenn der raus muss, dann muss er raus. Aber da muss der Naturschutz halt auch dahinter sein, dass das, was auf dem Schild steht, auch gemacht wird. Das ist ja sonst lächerlich." Das war Ende der 1970er-Jahre. Doch leider ist es aus Konrad Schleichs Sicht immer noch so, dass die gesetzlichen Vorgaben zu wenig durchgesetzt werden.

Und was ist heute? Die Weidesaison 2017 war wohl das letzte Hirtenjahr für Konrad. Die körperlichen Beschwerden lassen es einfach nicht mehr zu, den ausgebüxten Tieren in den Lechleitenhängen hinterherzusteigen. Nur die 5 Kaltblüter, die am Hof sind, erfreuen ihn täglich. „Pferde haben wir immer gehabt", stellt Konrad zufrieden fest, und das wird wohl auch so bleiben ...

Aufgeschrieben von Carolin Berndt, Nadin Edinger und Josefin Müller

Bild: die Flussseeschwalbe ist am Lech mit dem Einzug der Wasserkraft ausgestorben – das Foto stammt von einem Wiederansiedlungsprojekt am Ammersee

Ich will fliegen wie ein Bussard!

Werner Schmitt, Schongau

Werner Schmitt

Maschinenbauingenieur in der Luftfahrt
Jahrgang 1947
geboren in Schongau
aufgewachsen am Lech nahe dem Kreuter Steg

Seinen Traum vom Fliegen hat er wahr gemacht. Und auch andere Wünsche blieben in der Ferne nicht unerfüllt. Aber Werner Schmitt zog es immer wieder zurück an seinen Lech, an dessen Ufern er aufgewachsen ist und den er noch unverbaut als Wildfluss mit allen Sinnen erleben durfte. Dadurch hat er eine sehr innige Beziehung zum Lech entwickelt. Die ist wohl auch der Grund, weshalb er sich noch so klar und detailreich an seine Kindheitserlebnisse, die Entbehrungen und an seinen jugendlichen Wagemut erinnern kann.

Vor allem die Geräusche des wilden Lechs aus seiner Kindheit sind es, die ihn faszinierten und an die er mit seinen „handgemachten" Kieselklängen heute wieder anknüpfen kann.

Bild Doppelseite: Sonnenaufgang über der Lech-Ammer-Landschaft südlich von Schongau
oben: Werners Großeltern am Hochufer zwischen Niederwies und Riesen, 1956
rechts: Werner Schmitt in der Rossau, 2018

HONGAU
Lyprosenhaus
Peitingen
Dornau
Lech Fl.
in den Hölle
Kurzenried
Kreut
Koepfinger Wiesen
Edenhof
Niederwies
Unter Riesen
Grub
Gheselslach Wiesen
Riesen

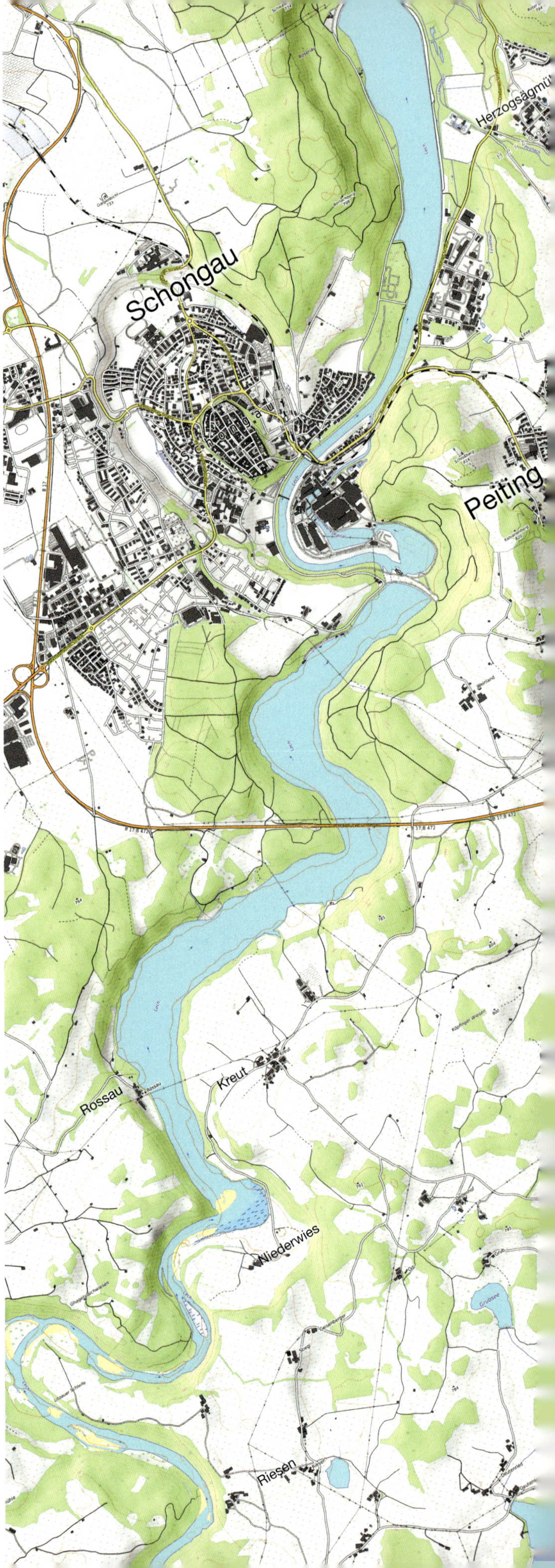

Schongau
Peiting
Rossau
Kreut
Niederwies
Riesen

Den Lech in seinem natürlichen Bett zu erleben und aus der Vogelperspektive zu sehen, wann immer er wollte, war der ständige Wunsch von Werner Schmitt.

Für ihn war es das größte Glück, direkt an den Hochufern des Lechs aufzuwachsen. Nach seiner Geburt im tiefsten Winter des Jahres 1947 im alten Krankenhaus Schongau kam Werner Schmitt ein paar Tage später auf dem Arm seiner Mutter das erste Mal nach Hause ins Forchet 52, unmittelbar am Hochufer des wilden Lechs und unweit der Schongauer Alm. Durch den tiefen Schnee mussten sich die Pferde mit dem Schlitten für die 4 Kilometer lange Wegstrecke ordentlich mühen. Was aus heutiger Sicht idyllisch klingt, war seinerzeit eine große Herausforderung.

Auf der Schongauer Alm lebten seine Großeltern, die von April bis Oktober als Almhirten die Schumpen – so nennt man die einjährigen Kühe, die noch keine Milch geben – der Bauern der Weidegenossenschaft Schongau hüteten und ihm, Werner Schmitt, ein zweites Zuhause gaben. Aus dem Bächlein, das den benachbarten Kinser See in den Lech entwässerte, holte der Großvater das Wasser für den täglichen Bedarf. Für den kleinen Werner und seinen jüngeren Bruder war der Bach der erste Spielplatz. Aus Weidenzweigen bauten sie hier kleine Mühlräder nach dem Vorbild der Dornauer Mühle. Weil die Kinder keine Spielzeuge besaßen, wurden sie kreativ und bauten sie sich selbst. „Wir hatten ja nichts", erzählt Schmitt etwas nachdenklich, aber sichtlich stolz mit Blick auf diese ursprüngliche Kindheit. Der Kinser See selbst war zu Werner Schmitts Kinderzeit großteils verlandet und sehr sumpfig. Er kann sich gut daran erinnern, wie eine Kuh den Zaun übersprang und im Moor versank. Deren Überreste, so meint er, könne man in 3.000 Jahren wahrscheinlich ausgraben.

Dem Lech näherte sich Werner Schmitt von oben her. Vom Hochufer aus beobachtete er, nicht ohne Furcht, aber ungemein fasziniert, die reißenden Frühjahrshochwasser, die oft innerhalb einer halben Stunde heranbrausten und an den Prallhängen das Substrat wegrissen. Die abrutschenden Steilhänge polterten lautstark und ohne Vorwarnung hinunter. „Zum Teil war das beängstigend", erzählt er. Hingegen sei das Lechrauschen mit dem „Kieselklang und den gluckernden und glucksenden Geräuschen" am Ufer Musik in seinen Ohren gewesen. Das Lechwasser, das er als kleiner Junge gespürt hat, sowie die vielen Kiesel prägten sowohl seine ganze Kindheit als auch seinen späteren Lebensweg. Heute „musiziert" der Lech an dieser Stelle nicht mehr. Will Werner Schmitt die Klänge seiner Kindertage heute wieder hören, müsste er jedes Mal an den unverbauten Tiroler Lech fahren. Zum Glück hat er vor ein paar Jahren von Karl Michael Ranftl, dem „Lechkiesel-Guru", gelernt, selbst auf den Kieseln des Lechs zu musizieren. Was der Fluss einst für ihn vollbrachte, läuft heute genau andersherum: Werner Schmitt macht Musik für den Lech.

Als er älter wurde, entdeckte er schließlich den Lech selbst als richtigen Abenteuerspielplatz, der so manche Heimtücke in sich barg. Dennoch schwärmt er: „Mir war nie langweilig, weil immer was Neues da war." Ein kleines Paradies waren die wandernden Kiesbänke mit ihren großen, angeschwemmten Bäumen, in deren Geäst sich unter Wasser die Forellen tummelten. Über dem Lagerfeuer gegrillt gaben diese eine herrliche Mahlzeit für ihn und seine Freunde ab. Ein bisschen muss er lachen, denn was nach dem Krieg für ihn üblich war, steht heute als Fischwilderei unter Strafe.

Die ruhigeren Abschnitte des Lechs, die Altwasser, waren besonders interessant, denn „hier hat natürlich alles drin gelebt": Frösche, Libellen, Mücken und vieles mehr. Auch Schlangen waren dort viele zu Hause. „Jeden Tag sind wir über Schlangen gestolpert." Er wurde sogar von einer Kupfernatter gebissen. Aber wie ihm das die Mutter beigebracht hat, schnitt er die Bissstelle kreuzweise auf, ließ sie ausbluten und saugte sie nicht mit dem Mund aus.

Kartenvergleich: Schongau um 1850/2018

Jedes der Kinder trug für einen derartigen Fall immer ein Taschenmesser bei sich. Der Arzt in Schongau war zu weit weg, als dass man diesen schnell hätte aufsuchen können.

Begeistert badete er im Fluss, obwohl er zu der Zeit noch gar nicht schwimmen konnte. Während er im Sommer mit Freunden im Schlauchboot den Fluss hinabheizte, war er im Winter mit dem Großvater auf Eisschollen unterwegs. „Wenn die dicken Eisschollen im Altwasser waren, dann hat er die losgestampft und dann sind wir da rauf mit langen Stöcken und bis zum Wehr der Papierfabrik runter. Da war meine Oma immer sauer hinterher." Generell war der Winter eine einsamere Zeit: Das Elternhaus war nur per Ski erreichbar und so musste Werner Schmitt manchmal auch die 4 Kilometer zur Volksschule nach Schongau auf diese Weise zurücklegen. Er hatte nur ein Paar Schuhe, unter die er wahlweise die Ski oder Kufen zum Schlittschuhfahren schrauben konnte. Im Sommer lief er sowieso meistens barfuß, für das ärgste Wetter und die schmutzigste Arbeit gab es noch Gummistiefel.

Ein kleines Paradies waren die wandernden Kiesbänke mit ihren großen, angeschwemmten Bäumen, in deren Geäst sich unter Wasser die Forellen tummelten.

„Der Spielplatz Nummer eins" war für Werner Schmitt der berühmte Kreuter Steg, der den Lech unweit des Forchet 52 überquerte und ursprünglich der Wasserversorgung von Schongau diente. 1902 wurde das Wasser eines Hangquellmoores auf der Kreuter Seite gefasst und in einem Rohr über den Lech geführt. An dem Gestänge des Steges ließ es sich vorzüglich herumturnen und balancieren. Auf die nahe gelegenen Bäume überzuspringen, galt auch als beliebter Zeitvertreib.

Auf der Schongauer Hochuferseite des Lechs vor dem Abgang hinunter zum Steg richteten Weißrussen und Ukrainer, die nach dem Krieg nicht wieder in ihre Heimat zurückkehren konnten, regelmäßig Zeltlager ein. Jeden Samstag ging es hoch her: Dann wurde ein riesengroßes Lagerfeuer gemacht, bei dem sie ganze Bäume verbrannten. In Trachtenkleidung tanzten die Menschen um das Feuer und sangen Volkslieder in ihrer Muttersprache. Diese Feste übten auf den zehnjährigen Werner natürlich eine große Anziehungskraft aus, sodass er sich sehr freute, als die Großeltern zum Mitfeiern eingeladen wurden und er sie begleiten durfte.

Werner Schmitt konnte die Dynamik des unverbauten Flusses im Jahreswandel erleben. Schon früh erkannte er, dass der Lech nicht nur aus dem fließenden Wasser im Bett bestand. Nein, auch die umliegenden Bäche, Auen, Hänge und Kiesbänke gehörten zum Lech wie der zweite Schuh zum ersten. Von Kindesbeinen an lehrte ihn seine Mutter, diese Natur zu schützen, wenngleich auch aus anderen Gründen, als wir sie heute annehmen. Der Gelbe Enzian war schon damals selten und insbesondere in den Nachkriegsjahren beliebt für die Schnapsbrennerei. Deshalb wurde er oft ausgegraben und verschwand so zusehends von den Wiesen des Lechs. Um diese besondere Pflanze zu bewahren, hatten die Eltern Werner und seinem Bruder die Aufgabe übertragen, die letzten Exemplare zu schützen. Dazu steckten die beiden einfach Fichtenzweige in den Boden, sodass die schönen Blumen vom Weg aus nicht zu erkennen waren. Nicht nur der Gelbe Enzian war damals schon eine Besonderheit, auch der in den Auen des Lechs in großen Polstern wachsende Frauenschuh war gefährdet. Wenn die Kinder zu wenig Zeit hatten, diesen durch die bewährte Tarnmethode zu schützen, halfen manchmal auch die 12 Bienenvölker der Großmutter, ungewollte Eindringlinge fernzuhalten. Oben am Hang aufgestellt retteten die ein- und ausfliegenden Insekten die Pflanzen davor, in der nächsten Vase zu verkümmern. Darüber freut sich Werner Schmitt noch immer: „Die Bienen sind nicht nur Naturpfleger gewesen, indem sie die

Pflanzen bestäubt haben, sondern auch Naturschützer." Der Honig der Bienen wurde von der Großmutter auf Honigbroten mit selbst gemachter Butter an Sonntagswanderer verkauft. Keine Frage, dass dies mit einem Glas frischer Milch ein ganz besonderer Leckerbissen war.

Die Herren- oder Heidewiese am Haus der Großeltern und Eltern war voller seltener Pflanzenarten: Es wuchsen Blauer Enzian, Feuer-Lilien und verschiedene Ragwurzarten. Den Eltern und Großeltern war es eine Herzensangelegenheit, diese Vielfalt zu erhalten, deshalb mähten sie die Wiese einmal jährlich Ende September/Anfang Oktober und stellten 1966 in Landsberg einen Antrag zur Ausweisung als Naturdenkmal. Doch für die Pflege dieses Naturdenkmals fühlte sich sonst keiner verantwortlich: Als seine Familie die Mahd nicht mehr weiterführen konnte, verschwanden die wertvollen Arten ganz schnell.

Zwischen der sogenannten Gaulagerwiese am Mittelhochufer des Lechs und dem Elternhaus gab es auf halber Höhe am Hang eine Quelle, deren kalkhaltiges Wasser interessante Kalktuff-Formationen aufbaute. Das darunter liegende Hangquellmoor gefiel Werner Schmitt besonders gut im Frühjahr, wenn das blühende Wollgras die Fläche weiß färbte. Um die Quelle besser nutzen zu können, baute der Großvater eine Einfassung aus Weidenzweigen. Ins kühle Quellwasser stellte die Großmutter dann ihr Butterfass mit dem Rahm und stampfte kräftig und ausdauernd. Was zur Kühlung des Butterfasses gedacht war, eignete sich für die acht- bis zehnjährigen Jungen gleichsam auch wunderbar als Kinderspielplatz.

Wenn der Großmutter einmal die Milch ausging, war es Werner Schmitts Aufgabe, über den Trampelpfad am Prallhang Dornauer Loch zum Strobl-Bauern nach Dornau zu gehen, um Nachschub zu holen. Er erinnert sich noch gut daran, wie oft er sich einen neuen Weg hatte suchen müssen, weil das letzte Hochwasser mal wieder den alten Pfad weggerissen hatte. Auf diesem Weg und anderen in der Umgebung, oft auch zum Einödhof Rossau, bekam er öfter eine Brotzeit von den Bauern zugesteckt. In den kargen Nachkriegsjahren waren ihm jedes Butterbrot oder jede Kartoffel höchst willkommen.

Unten am Lech, auf der besagten Gaulagerwiese, hatte die Deutsche Gewerkschaftsjugend in den Sommermonaten immer ein großes Zeltlager errichtet, mit Jugendlichen aus ganz Deutschland. Mit den Jungen, die im Zeltlager ihre Ferien verbrachten, ließen sich viele Abenteuer erleben: „Da war Action!" Mit den neu gewonnenen Freunden spielten die Almkinder zusammen Indianer und fanden sich nicht selten an einem Marterpfahl wieder. Nicht unerwähnt lässt Werner Schmitt die strikte Trennung von Mädchen und Jungen. Durch den Kuppelparagrafen (§180) war es den Jugendlichen der beiden Geschlechter verboten, sich zu treffen. Wer vom Nachbarn erwischt wurde, konnte angezeigt werden, dann wurden die Eltern bestraft. Das ist heute kaum noch vorstellbar. Doch dieses Gesetz wurde erst in den 1970er-Jahren abgeschafft. Trotz

Bild: Blick vom Hochufer hinüber in die Rossau, 1952

der einfachen Verhältnisse nahm die Familie in dem kleinen Werkstattgebäude neben dem elterlichen Wohnhaus 1956 ein Flüchtlingsmädchen aus Bulgarien auf. Diese hatte so die Chance, ihren Neustart im fremden Deutschland mit einem Dach über dem Kopf zu beginnen. Nach ihrem in Deutschland abgelegten Abitur begann sie, in München das höhere Lehramt zu studieren und verfasste ihre Abschlussarbeit zur Biologie der Lechwiesen und -hänge. Anschließend widmete sie sich in den USA der Zellforschung, wo sie als Krebsforscherin Karriere machte. Später kehrte sie nach Deutschland – zunächst an die Universität nach Freiburg, später nach Mainz – zurück. „Die schönste Zeit in meinem Leben verbrachte ich am Lech", so schwärmt die heute 86-jährige Frau Prof. Dr. Elisabeth Gateff immer noch. Werner Schmitt hat bis heute Kontakt zu ihr.

Wenn Werner Schmitt an die Litzauer Schleife denkt, kommen Erinnerungen an wilde, aber auch gefährliche Zeiten auf. Einst war er mit Freunden auf einem 2-t-Tragkraft-Schlauchboot des THW (Technisches Hilfswerk) den Lech abwärts gefahren. Eine kleine Unaufmerksamkeit dabei hatte weitreichende Folgen für ihn und seine drei Mitinsassen, denn ihr Boot geriet in einen heute noch vorhandenen großen Wasserwirbel in der Nähe des Prallhangs Niederwies (heute als „Huchenkanzel" bekannt). Nur durch großes Glück kenterten sie nicht. Das hätte, vor allem für den Nichtschwimmer Werner Schmitt, durchaus dramatisch ausgehen können. Doch auch nach diesem Erlebnis hatte er keine Angst vor dem Lech. Er kannte den Fluss durch das tägliche Zusammenleben ja in- und auswendig und fühlte sich einfach sicher. Von der Dynamik des Lechs, die Werner Schmitt in seiner Jugend hautnah zu spüren bekam, ist heute auch an der Litzauer Schleife nicht mehr viel übrig. Er ist traurig, dass dort inzwischen viele Stellen mit Weiden zugewachsen sind, weil das mitreißende Geröll fehlt und es kaum noch zu Umlagerungen kommt.

Mit dem Bau der Staustufe 6 Ende der 1950er-Jahre tat sich für Werner Schmitt und seine Freunde ein neuer Abenteuerspielplatz auf: Hier ließ sich Nervenkitzel pur

Bild: Blick von der Lechbrücke (B17) über den Stausee Richtung Rossau, 2016 erleben, denn offiziell war es ja verboten, die Baustelle zu betreten. Insgesamt erzeugten die Veränderungen am Lech bei ihm ein zwiespältiges Gefühl: „Man hat sich natürlich auch auf den See gefreut, aber auf der anderen Seite wussten wir ja, was nicht mehr wiederkommt, was wir nie mehr sehen werden."

Schon seit er in der Kindheit den Bussarden beim Kreisen zugesehen hatte, war er fasziniert vom Fliegen.

In Vorbereitung der Aufstauung wurde die Wasserleitung des Kreuter Stegs auf den Grund des Lechbettes in voller Breite verlegt, der Kreuter Steg wurde dann größtenteils abgerissen. Einzig die Betonpfeiler, die den Steg hielten, überdauern bis heute den Abriss, allerdings sind sie vom Wasser „begraben". Wenn man hinabtauchen würde, könnte man sie noch entdecken.

Nach Errichtung der neuen Staustufe war der alte, wilde Lech Geschichte. Letzten Endes war Werner Schmitt über die Aufstauung aber nicht besonders traurig: 1961 baute er mit einem Freund einen Katamaran aus einem englischen Bausatz, mit dem es sich bei Windstärke 4 oder 5 schon mal mit 40 bis 50 km/h über den See dahinsausen ließ. Da hieß es, Acht geben bei knapp unter dem Wasser liegenden Baumstämmen. Und baden ging er sowieso nicht, das Wasser war ihm viel zu kalt.

Als es dann später darum ging, die Mädchen zu beeindrucken, bot der Stausee die geeignete Kulisse: Mit einem zum Segelboot weiterentwickelten Holzkahn fuhr er gerne an die Stelle, wo der Storer Bach über einen Wasserfall nun direkt in den See mündete. „Dort hat's wie in einem Fjord in Norwegen ausgeschaut, sehr romantisch." Dahin hat er auch seine spätere Frau mitgenommen, die er bereits in der Volksschule kennengelernt hatte.

1959 und 1961 gab es in der Familie Schmitt nochmals Nachwuchs und für den ältesten Sohn Werner wurde es langsam eng in der elterlichen Wohnung im heutigen Forchet; ein Signal, in eine eigenständige Zukunft aufzubrechen. „Dann musste ich mit 14 auswandern," erzählt er. Er entschied sich, in Augsburg eine Lehre zu beginnen. Dort kam er auch zum ersten Mal mit moderner Technik in Kontakt: Von einem Telefon oder gar einer Straßenbahn hatte er bis dahin keine Ahnung gehabt. Auch noch nach dem Ende seines Maschinenbau-Studiums hatte er ordentlich Respekt: „Das war für mich das erste Jahr ein Horror, dieses Telefon auf meinem Schreibtisch." Nachdem er in einer sehr ländlichen Gegend ohne fließendes Wasser und Strom aufgewachsen war, zog es ihn in die weite Welt hinaus.

Schon seit er in der Kindheit den Bussarden beim Kreisen zugesehen hatte, war er fasziniert vom Fliegen. Seinen Lebenswunsch hat Schmitt sich 1972 erfüllt. Als Privat- und Kunstflugpilot trainierte er oftmals seine Flugfiguren über dem Lechstausee und seinem ehemaligen Elternhaus. Seine Hoffnung bestand darin, dass bei einer möglichen Bruchlandung ein Wasseraufschlag eventuell nicht so hart sein würde wie auf dem Land. Eine seiner vielen Freizeitaktivitäten waren archäologische Befliegungen und er machte manche keltische wie römische Siedlungsspur ausfindig. So war er auch an der Entdeckung der Größe der Villa Rustica in Peiting beteiligt. Auch seinen beruflichen Schwerpunkt verlegte er in die Luftfahrt. 42 Jahre lang arbeitete er in ganz Europa und den USA und kam nur zu Besuch zurück an den Lech. Aber letztendlich hat es ihn mit seiner Pensionierung doch wieder gänzlich zurückgezogen. Mit einem Schmunzeln gibt er zu: „Ich wollte wieder an meinen Lech."

Aufgeschrieben von Carolin Berndt, Nadin Edinger, Josefin Müller und Dorit Protze

Wasserkraft ist
einfach faszinierend
Robert Rapp, Pentenried

Robert Rapp

Bauingenieur
Jahrgang 1939
geboren und aufgewachsen in Lindau am Bodensee
wohnhaft in Pentenried

Er stammt nicht von hier, aber mit seiner Arbeit hat er die Lechlandschaft geprägt wie kaum eine andere Person. Robert Rapp hat als Wasserbauingenieur einige der Wasserkraftanlagen am Lech geplant und deren Bau geleitet. Kritik übt er an den rechtlichen Vorgaben bezüglich der Intensität der Lech-Verbauung.

Aber seine Grundüberzeugung, dass Wasserkraft die effizienteste Form der regenerativen Energiegewinnung ist, wird deutlich – vor allem dann, wenn er die numerischen Vergleiche zu anderen Kraftwerkstypen zieht. Dabei lässt er nicht außer Acht, dass in den Wasserkraftplanungen sinnvolle ökologische Maßnahmen genauso ihren Platz haben müssen wie die daraus resultierenden Mehrkosten für die Auftraggeber.

Bild Doppelseite: überströmbares Wehrkraftwerk bei Mundraching
oben: die seltene Gelegenheit, in einer Turbine zu stehen – Kraftwerk Kinsau, für dessen Planung er u. a. zuständig war
rechts: Robert Rapp vor dem historischen Regler des alten Kraftwerks Kinsau

ZARGES

Hirschau
S. Lorenz
Mühl Au
Ferchet
Forchau
Oehlmühle
Unt.
Apfeldorf
Mühl B.
Kinsau
Sperber
am Berg
Bursch

Reichling
Epfach
Apfeldorf
Kinsau
Aichen
Sperber
Berg
Hohenfurch

Robert Rapp steht am Wasserkraftwerk Kinsau an der Staustufe 8a und deutet auf die reißenden Wassermengen, die durch das Wehr schießen. Hier ist das Ergebnis seines Schaffens und Wirkens am Lech sichtbar. Wir werden durch eine Geschichte geführt, die uns am Beispiel dieses Kraftwerkes eine Faszination für die gewaltige Kraft des Wassers zeigt. Eine solche Faszination kann nur jemand haben, der viele Jahre damit verbracht hat, den ungestümen Fluss zu bändigen. Mit unverhohlenem Stolz vermittelt Robert Rapp uns den großen Wert, den er in der Nutzbarmachung der Wasserkraft sieht. Er berichtet von der Zeit seiner Tätigkeit und seinem Wirken an diesem Kraftwerk – stellvertretend für viele an Lech und Wertach. Eine Zeit, die nicht zuletzt auch von Begegnungen mit vielen Menschen aus den Bereichen Natur- und Denkmalschutz, Fischerei und Wasserbau geprägt war. Auf die Frage zu der heutigen Beziehung zum Fluss verrät er: „Wir treffen uns noch jedes Jahr und schauen uns die Anlagen an und erfreuen uns daran, was wir da geschaffen haben."

Der studierte Bauingenieur kam 1980 in diese Region, nachdem ihn vorhergehende berufliche Herausforderungen bereits bis nach Saudi-Arabien geführt hatten, dort plante und baute er Meerwasserentsalzungsanlagen. Seinem Wirken an Wertach und Lech gingen Stationen in Kempten und Konstanz voraus. „Aber immer stand meine Arbeit im Zusammenhang mit Wasser."

So erweist er sich auch als versierter Kenner der historischen Entwicklung im Flussbau und verweist auf die dem jeweiligen Zeitgeist und den technischen Entwicklungen geschuldeten Zwänge und Hintergründe. Exemplarisch führt er die frühen Flusskorrektionen bei Augsburg an, die bereits 1596 einen Konflikt zwischen dem schwäbischen Augsburg und Bayern um die Rechte am Lech auslösten. Im Hinblick auf die damalige Situation bei Hochwasser, Abwasserproblemen und auch Malariamücken spricht er anerkennend von Johann Gottfried Tulla, dem „Vater der Rheinkorrektur", dessen Wirken im 19. Jahrhundert als ingenieurtechnische Meisterleistung gewürdigt wurde. Auch der Lech wies in dieser Zeit eine Breite von 2 bis 2,5 Kilometern auf. Angesichts des mit der Industrialisierung einsetzenden Bevölkerungsanstiegs mussten immer mehr Menschen nicht nur mit Nahrungsmitteln versorgt werden, wofür man neue landwirtschaftlich nutzbare Flächen brauchte, sondern auch mit Wohnraum. Den benötigten Platz fand man in den Auen der großen Flüsse, die man zu diesem Zweck korrigierte und einengte. Aus der heutigen Perspektive von Robert Rapp sei der Staat mit seinen damaligen Vorgaben zu extrem gewesen, die die Lechbreite von 2 Kilometer auf 85 Meter eingrenzten. Carl Friedrich von Wiebeking, ein Zeitgenosse Tullas, war in Bayern u. a. für die Regulierung von Isar und Inn zuständig und gab vernünftige Empfehlungen für die anzustrebenden Flussbreiten. Auf Beschluss des Königs wurde die Isar in München jedoch auf nur 65 Meter eingeengt. Die Prominenz wollte schließlich direkt am Wasser wohnen. Das kommt einem auch noch heute irgendwie bekannt vor …

Die logische Konsequenz der Flusskorrektionen war ein beschleunigter Abfluss, der zur weiteren Eintiefung der Flüsse führte. Dagegen wurden neue Maßnahmen ergriffen; der Bau von Wehren und Abstürzen begann. Dem damaligen Stand der Technik entsprechend kannte man noch keine Tosbecken mit Energieumwandlung, sodass sich die Sohle unterhalb der Wehre weiter eintiefte. Unter dem Eindruck zahlreicher Hochwasserereignisse in den 1950er-Jahren setzte die Oberste Baubehörde in Bayern den sogenannten „Alpenplan" um, in dessen Rahmen der Bau von Rückhaltebecken in den Quellgebieten der Flüsse realisiert wurde.

In diesem Kontext würdigt Robert Rapp auch die „Anlage Forggensee", welche nach wie vor in Betrieb ist und seit 1954 einerseits die Hochwasser auffängt und andererseits das gespeicherte Wasser dosiert abgibt. Wasser, das man beispielsweise in Niedrigwasserzeiten in der Donau dringend brauchen kann. Im von den Amerikanern besetzten Bayern war es in der Nachkriegszeit den Deutschen nicht

Kartenvergleich: Kinsau um 1850/2018

erlaubt, Kraftwerke zu bauen. Zulässig war dies nur für Hochwasserschutz und Wasserbewirtschaftung. Der damit verbundene wirtschaftliche Aufschwung brachte der Region nicht nur 1.500 Arbeitsplätze – jeweils befristet auf ein halbes Jahr –, sondern der deutschen Wirtschaft auch internationales Ansehen. Sie konnte ihre Leistungsfähigkeit unter Beweis stellen. Die im Roßhauptener Kraftwerk installierten Maschinen laufen seit Mitte der 1950er-Jahre, die anderer Kraftwerke sogar seit den 1940er-Jahren. Bereits die 1940 gegründete BAWAG hatte das Ziel, den gewaltigen Energiebedarf der Wirtschaft zu decken – beispielsweise den der Aluminiumindustrie, die das Material für den Flugzeugbau der in Augsburg ansässigen Messerschmitt AG lieferte. Bereits im „Dritten Reich" gab es Pläne zum Bau typengleicher Kraftwerke von Füssen bis Augsburg. Diese wurden in der Nachkriegszeit dann in modifizierter Form wieder aufgegriffen und dem neuen Stand der Technik entsprechend umgesetzt.

Robert Rapp verweist auf die bis 1907 zurückreichende Kraftwerkstradition am Standort Kinsau. Die Energie des Flusses wurde zunächst mechanisch für die Herstellung von Holzschliff genutzt, der angesichts der steilen Hänge mittels einer Zahnradbahn nach Kinsau und von dort weiter nach Kempten zur Papierherstellung transportiert wurde. Bei der allein mechanischen Nutzung blieb es nicht lange. Zur Freude des damaligen Bürgermeisters wurde bald auch vor Ort Strom erzeugt, was gerade in der Nachkriegszeit sehr vorteilhaft war – wenn auch weit weniger effizient als heute …

Die Effizienz der Wasserkraft unterstreicht Robert Rapp wiederholt. Hatte das erste Kinsauer Kraftwerk in den 1920er-Jahren einen Wirkungsgrad von ca. 60 Prozent, so werden heute Größenordnungen von mehr als 90 Prozent erreicht. Auch beim Verhältnis der für Erkundung, Planung, Erschließung, Bau und Betrieb eines Kraftwerkes notwendigen Energie und der dann während der Betriebsdauer der Anlage nutzbaren Energie stehen seiner Ansicht nach die Wasserkraftwerke an der Spitze: Kernkraftwerke schließen diesen Vergleich mit einem „Erntefaktor" 1:4 ab, Windkraftanlagen mit 1:12 und Wasserkraftwerke eben mit 1:60. Und auch bezüglich des Flächenbedarfs pro erzeugter Energiemenge schneide die Wasserkraft nicht nur gegenüber den traditionellen Energieträgern wie Holz oder Kohle, sondern auch gegenüber anderen regenerativen Quellen bestens ab.

„Ich liebe den Lech. Weil er ungestüm ist, richtig naturnah."

Angesichts dieser von ihm geschilderten Hintergründe ist es Robert Rapp wichtig, das Image der „bösen Wasserkraftwerke" durch eine differenzierte Betrachtung zu korrigieren. Er verhehlt keinesfalls die Problematik der immer wieder verlandenden Stauseen, unterstreicht aber zugleich deren Bedeutung als Rastgebiet für Zugvögel: Der Feldheimer Lechstausee vor der Mündung in die Donau wurde sogar als Ramsar-Gebiet ausgewiesen.

Wir stehen noch immer an der Staustufe 8a bei Kinsau. Mit höchster Geschwindigkeit stürzt das Wasser vom Stau durch die Turbine hinab und setzt eine gewaltige Energie um. „Ich bin ein Verfechter der Wasserkraft", verdeutlicht Robert Rapp uns beim Blick in die Tiefe. Für die Kinsauer Staustufe wie auch für die Staustufen 18 bis 23, für deren Bau und Planung er zuständig war, gilt, dass an all den Standorten Korrektionsmaßnahmen bereits zu früheren Zeiten erfolgten und Wehranlagen nach dem damaligen Stand der Technik gebaut wurden. Die damit verbundene Problematik der Eintiefung war sichtbar. Die Verantwortung dafür sieht er primär beim Staat – Auftraggeber und Zuständiger der Gewässerunterhaltung –, jedoch nicht bei den Wasserbauern, die diesen staatlichen Auftrag realisierten. Mit dem Bau der Kraftwerke sei ein sinnvoller Gewinn verbunden, der die bereits vorhandenen Eingriffe entschärfe und einen allgemeinen volkswirtschaftlichen Nutzen habe. So begründet Robert Rapp auch die Auf-

geschlossenheit der ansässigen Bevölkerung gegenüber der BAWAG und später der Bayernwerk AG: „Alle waren begeistert von unserem Unternehmen." Die Sympathie sei auch darin begründet, dass mehr als 300 Menschen dort Arbeit fanden und Jugendliche in Landsberg eine Ausbildung, beispielsweise zum Elektrotechniker oder Maschinenbauer, absolvieren konnten. Heute sei das anders, gibt er zu verstehen. Der Bau der Kraftwerke und Staustufen stieß später mehr und mehr auf Widerstand. Aber es sei normal, dass es immer Leute gebe, die etwas dagegen hätten.

Als Bauingenieur war Robert Rapp vor allem zuständig für die Planung und den Bau der Lechstaustufen 18 bis 23 sowie für die Planung und Umsetzung begleitender ökologischer Maßnahmen. In dieser Position hatte er immer das Gefühl, zwischen den Stühlen zu sitzen. Einerseits sei ein Unternehmen dazu da, Geld zu verdienen, andererseits sieht er auch die Notwendigkeit ökologischer Ausgleichsmaßnahmen ein – vorausgesetzt, sie sind sinnvoll. Am Standort Kinsau hat er den Tausch der Standorte von Kraftwerk und Wehranlage gegenüber der ursprünglichen Planungsvariante als sinnvolle Maßnahme befürwortet, weil so der unverzichtbare Lockstrom für den Einstieg der Fische in das Umgehungsgerinne gewährleistet werden konnte. Nicht ohne Stolz verweist er darauf, dass sie mit der ersten naturnah gestalteten Fischaufstiegshilfe am bayerischen Lech seinerzeit eine Pionierleistung vollbrachten. Er unterbreitete damals auch den Vorschlag der Fortsetzung dieses Umgehungsgerinnes und dessen Anbindung an die nächste Staustufe. Dem standen jedoch bürokratische Hindernisse entgegen: „Der wasserrechtliche Bescheid galt nur für diese Staustufe."

Ein in seinen Augen unsinniges Beispiel naturschutzfachlicher Maßnahmen zeigt er uns auf dem Wehr, an dessen

Bild: auf der Kraftwerksinsel Kinsau findet eine naturschutzorientierte Beweidung statt, vor allem um die seltenen Tier- und Pflanzenarten der Kiesbank-Lebensräume zu erhalten

Kante sich ein Grünstreifen befindet, der als Überquerungshilfe für Kröten dienen sollte. „Ich habe hier noch keine einzige Kröte gesehen." Für solche Dinge habe er kein Verständnis.

Die Umsetzung aller naturschutzfachlichen Maßnahmen verteuerte die Baukosten der Staustufe 8a um 30 Prozent. „Das muss man einer Firma erst mal beibringen."

Dennoch ist inzwischen vieles Standard, wo seinerzeit Neuland betreten wurde. Aber auch die technologischen Entwicklungen seien rasant vorangeschritten – bis hin zum computergesteuerten Betrieb der Anlagen. Aber da jedes Kraftwerk individuell in das Landschaftsbild eingebettet sei, habe auch das seine Grenzen. Robert Rapp machte die Erfahrung, dass man Baggerführern eine naturnahe Gestaltung der Ausgleichsmaßnahmen auch beibringen kann. Und bei der Gelegenheit ließen sich dann auch Anregungen aus dem Bayerischen Landesamt für Wasserwirtschaft zum Einbau von Ansitzsteinen für Wasseramseln aufgreifen und umsetzen. Ein Garten- und Landschaftsbaubetrieb, der im Zusammenhang mit der Erfüllung von Auflagen beauftragt war, Tamarisken anzusiedeln, musste diese wieder entfernen, als festgestellt wurde, dass es sich um Pflanzen aus Norddeutschland handelte, und nicht um autochthones Material.

Auch der Kieseinbringung steht Robert Rapp durchaus distanziert gegenüber: Ist es tatsächlich sinnvoll, 100.000 Kubikmeter Kies an einer Stelle auszubaggern, mit dem Lastwagen zu transportieren und an anderer Stelle wieder in den Lech zu schütten? Bei einer Lademenge von 10 Kubikmetern je Lastwagen müssten dafür 10.000 Fuhren bewältigt werden.

Bild links: Blick auf den aufgestauten Lech, am Horizont sind die Bauwerke des Kraftwerks Kinsau erkennbar
rechts: zwischen den Kraftwerksbauwerken nutzt ein Haubentaucherpärchen das Altwasser als Brutplatz

So kann Robert Rapp von ebenso vielen Erfolgen wie Misserfolgen oder Absurditäten berichten und sagt von sich, er sei zwar Bauingenieur, habe sich aber in gleichem Maße mit naturschutzfachlichen Fragen auseinandergesetzt. Häufig sah er sich in einer vermittelnden Position zwischen den Vorgesetzten in seiner Firma, denen er „beibringen musste, so viel Geld für Naturschutzmaßnahmen auszugeben", und den Naturschützern. Beim Bau des Kraftwerkes Kinsau waren letzten Endes 46 Träger öffentlicher Belange zu beteiligen. Eine kommunikative Herausforderung ersten Ranges, die u. a. durch sein Wirken gelang.

Zeitgleich mit seiner Pensionierung im Jahr 2000 trat die Europäische Wasserrahmenrichtlinie in Kraft, die auf Flussgebiete als Ganzes fokussiert. Darin sieht er ein großes Potenzial, die zuvor seitens der Wasserwirtschaftsämter Kempten, Weilheim und Donauwörth separat betreuten Flussabschnitte nun integrativ zu betrachten. In seinen Augen war das mehr als überfällig.

Am Ende des Gesprächs mit Robert Rapp wollen wir noch seine ganz persönliche Beziehung zu dem Fluss erfahren, an dem er eine lange Zeit tätig war: „Ich liebe den Lech", ist die kurze, aber nachdrückliche Antwort. „Weil er ungestüm ist, richtig naturnah." Der Widerspruch dieser Aussage, der sich auf den ersten Blick auftut, wie man das Wilde lieben kann, wenn man es dann kontrolliert, muss keinesfalls als solcher gesehen werden. Denn genau hierin liegt für Robert Rapp die Faszination, die Herausforderung, etwas so Ungestümes nutzbringend zu bändigen.

Aufgeschrieben von Lisa Maier und Lisa Herzog

Urlaub hat's bei uns nicht gegeben

Anna Sacher, Mundraching/Vilgertshofen

Anna „Anni“ Sacher

Betreiberin des örtlichen Krämerladens
Jahrgang 1930
geboren und aufgewachsen in Mundraching

Alles, was sie angefasst hat, hat sie mit Bravour gemeistert. Sei es das Schwimmen im Lech, der Krämerladen, den sie von ihrer Mutter übernommen hat, oder ihr Hobby – das Schießen mit dem Luftgewehr. Anna Sacher ist zwar nie weit herumgekommen, aber dennoch hat sie viel zu erzählen. Kein Wunder! Denn so ein Krämerladen, der 7 Tage die Woche geöffnet hat, ist nicht nur der perfekte Ort, um einzukaufen, sondern auch um das Allerneueste zu verbreiten.

Bild Doppelseite: hinter dem „Kroamer“ – Streuobstwiese am Lech
oben: diese Tafel ziert Annas Haus
rechts: Anna Sacher unweit ihres Hauses am Lech, 2018

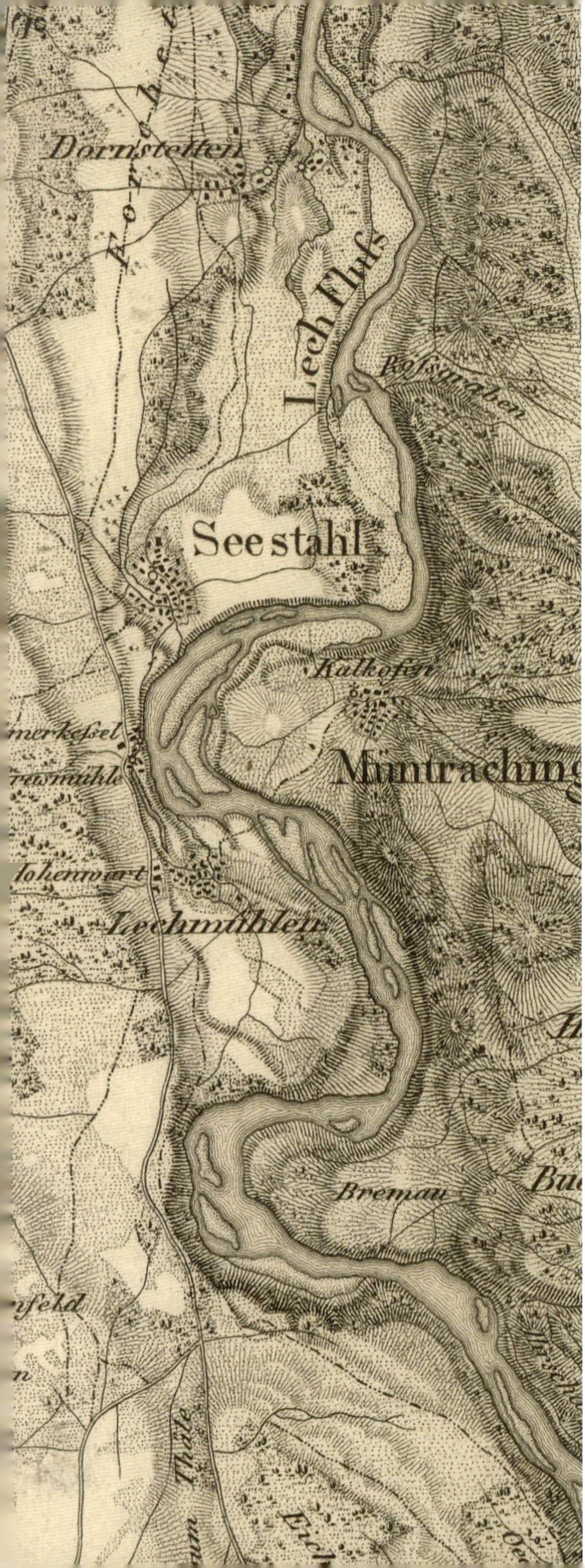
Dornstetten
Lech Fluſs
Roſsgraben
Seestahl
Kalkofen
Lechmühlen
Bremau

Dornstetten
Lechstufe 13
Stockheim
Seestall
Lech
Mundraching
Römerkessel
Grasmühle
Hohenwart
Lechmühlen
Lechstufe 12
Lechblick
Zum Gut

Anna Sacher gehört zu den seltenen Menschen, die nie in ihrem Leben den Wohnsitz gewechselt haben. Ihr Elternhaus, das sie heute allein bewohnt, bot in den zurückliegenden 100 Jahren vielen Menschen ein Dach über dem Kopf. Und um ein Vielfaches größer ist die Anzahl der Menschen, die dieses Haus betraten, um im Krämerladen, den die Mutter seit ihrer Heirat 1925 betrieb, einzukaufen und Neuigkeiten auszutauschen. In diesem Laden, der täglich – auch an Sonntagen nach dem Kirchgang – geöffnet war, ist Anna Sacher praktisch aufgewachsen und der Mutter bereits als Kind zur Hand gegangen.

Zum Sortiment des Ladens gehörten weder Brot noch Milch, Käse, Fleisch oder Obst und Gemüse – denn das erzeugten die Bewohner von Mundraching ja selbst bzw. kaufte man diese Lebensmittel beim Bäcker, in der Molkerei oder beim Metzger. Aber es gab Seife und Waschpulver, Reis und Nudeln, Geräte zum Weißeln der Wände, Nähzeug und – nicht zu vergessen – Dosenmilch. Und Anna Sacher weist auch ausdrücklich auf die damals vorherrschende gute Zahlungsmoral der Kunden hin: „Früher, da hat keiner Schulden gemacht. Heut ist's minder."

Während der Bauzeit der Lechbrücke und des Kraftwerkes – der Staustufe 12 – in den 1940er-Jahren versorgte die Mutter die Bauarbeiter mit Brotzeit – und Anna war es, die die Verpflegung täglich vom Laden auf die Baustelle brachte. Dabei erinnert sie sich an eine gar nicht so große Anzahl von Bauarbeitern; es mögen so etwas mehr als zehn gewesen sein. Besonders beeindruckt haben sie zwei der Bauleute, die täglich aus Kaufering mit dem Fahrrad zur Baustelle kamen und dafür zuständig waren, die Bauteile der Brücke mithilfe einer Kurbel zusammenzufügen.

In dieser Zeit musste die Familie auf den Vater verzichten, der als Maurer gleich zu Kriegsbeginn 1939 einberufen wurde und 1945 nach Kriegsende glücklicherweise lebend wieder nach Hause zurückkehrte. In der Nachkriegszeit waren Maurer sehr gefragt; so hatte auch er viel zu tun als Mitarbeiter einer Baufirma in Asch. Um den Laden kümmerte sich nach wie vor die Mutter, die von der heranwachsenden Tochter unterstützt wurde. Anni half nach ihrer nur siebenjährigen Schulzeit der Mutter verstärkt im Laden, lernte aber auch mit 21 Jahren in Kaufering in nur 3 Tagen, Handschuhe zu nähen und verdiente sich damit eine Zeit lang ihr Geld.

Josepha, die ältere Schwester, dagegen zeigte wenig Interesse am Laden. Sie half lieber auf dem oberhalb gelegenen Hof der Großmutter, ehe sie zu einer Tante nach München ging und dort zunächst als Haushaltshilfe tätig war. Als ihr das nicht mehr genügte, absolvierte sie eine Ausbildung zur Straßenbahnfahrerin und übte diesen Beruf 30 Jahre lang aus.

Die 6 Jahre jüngere Schwester Rita verstarb als Dreizehnjährige an einer missglückten Blinddarmoperation. Und der ältere Bruder Hans, der bereits als Säugling an spinaler Kinderlähmung erkrankte und zeitlebens eine Schiene trug, arbeitete in einem Büro in Landsberg.

Ob die Heirat der Tochter eines Krämerladens mit einem Kaufmann als Fügung zu verstehen ist, sei dahingestellt. In jedem Fall gab es eine Doppelhochzeit, denn zugleich ging auch Annis Bruder den Bund fürs Leben ein. Da die Ehe von Anni und Erich Sacher kinderlos blieb, zogen sie den Sohn ihrer in München lebenden Schwester bei sich in Mundraching auf, bis dieser die 5. Klasse abgeschlossen hatte. Aber auch danach kam Gerhard jeden Freitagabend aus München an den Lech und verbrachte dort sein Wochenende.

Bei der durch den Laden der Mutter geprägten Kindheit war es nur logisch, dass Anna Sacher diesen Laden 1960 von der Mutter übernahm. Viele Neuerungen führte sie nicht ein, sondern knüpfte an das offensichtlich bewährte Konzept der Mutter an. Das galt auch für die täglichen Öffnungszeiten, den Sonntag nach dem Gottesdienst ein-

Kartenvergleich: Mundraching um 1850/2018

geschlossen. Im Gegensatz zu ihrer Mutter, die ja in Anni eine anpackende Unterstützung hatte, schmiss diese den Laden ganz allein. Gefragt nach Freunden antwortet Anni Sacher: „Freunde gab's nicht. Es gab nur Arbeit." Und ebenso wenig gab es Urlaub. So hat sie – genau wie ihre Mutter – den Laden weitere 35 Jahre geführt, ehe er 1995 endgültig seine Türen schloss und die Betreiberin sich der Gartenarbeit und ihrem Steckenpferd widmete, von dem gleich die Rede sein wird.

Im Gegensatz zu ihrer Mutter, die ja in Anni eine anpackende Unterstützung hatte, schmiss diese den Laden ganz allein.

Entgegen der weitverbreiteten Meinung, alle am Lech lebenden Menschen könnten natürlich schwimmen, erklärt uns Anni Sacher, dass das Gegenteil der Fall war: Ihre Eltern konnten nicht schwimmen. Sie selbst hat es von einer Tante aus München gelernt und ist begeistert nicht nur in den Altarmen, sondern auch im Lech selbst geschwommen. Angst kannte diese Frau offensichtlich noch nie. Begeistert erzählt sie von den Wellen, die der Lech bei Hochwasser schlug, als er noch ungestaut fließen konnte. Beschädigte ein Hochwasser die hölzerne Lechbrücke, so lief Anni Sacher unerschrocken über die darüber gelegten Bretter. Der Fluss faszinierte sie, ohne ihr Angst einzuflößen: „Man musste nur Obacht geben."

Die Inbetriebnahme des neu gebauten Kraftwerks und der dazugehörigen Staustufe hat sie nicht direkt als nachteilig empfunden. Den breiteren Lech – also die aufgestauten Seen – findet sie auch schön und bekennt: „Ich schau halt gern auf den Lech."

Auch ihrem Neffen Gerhard hat sie das Schwimmen beigebracht: Auf die beiden Hocker, die noch heute an ihrem Küchentisch stehen und die sie seinerzeit in die Altwasserbereiche des Lechs gestellt hatte, legte er sich und übte die Schwimmbewegungen.

Ihre Unerschrockenheit kam ihr auch zugute, als der Vater in der Nachkriegszeit für den 1952 wieder gegründeten Verein der Hubertusschützen Nachwuchs suchte. Er forderte sie zunächst auf, ihr in den Holzschuppen hinter dem Haus zu folgen und mit dem Luftgewehr zu schießen. Da sie das offensichtlich mit Bravour tat, erklärte er ihr: „Du kommst mit in den Schützenverein!" Die vorsichtige Nachfrage, was denn die Mutter wohl von dieser Idee halte, kümmerte den Vater offensichtlich wenig: „Das is' wurscht, du musst mit!" Und diesem Hobby frönt die 88-Jährige bis heute – mit beachtlichem Erfolg. Auch ihr Mann musste dann notgedrungen Schießen lernen, hat sie aber nur einmal bei einem Wettbewerb übertroffen.

Aufgeschrieben von Dorit Protze und Uta Steinhardt

Bild: trügerische Schönheit – das Querbauwerk ist zwar nicht in Sicht, aber der Lech darf auch bei Mundraching nicht fließen

Von Abenteuern und dem Kampf ums Lechwehr

Anton Lichtenstern, Landsberg am Lech
Franz Xaver Rößle, Landsberg am Lech

Anton Lichtenstern

Gymnasiallehrer und ehrenamtlicher Stadtheimatpfleger
Jahrgang 1938
geboren und aufgewachsen in Landsberg am Lech

Anton Lichtenstern lernte beim Spiel mit Freunden früh die Wildnis am Lech bei Landsberg kennen und lieben. Als Pfadfinder und Paddler wurden auch entferntere Lechgebiete, wie die Litzauer Schleife und deren Umgebung, „erforscht".
Die Anekdoten, die Anton Lichtenstern erzählt, geben zweierlei wieder: Eine unbeschwerte Kindheit und Jugend und ein sehr enges Verhältnis zu seinem Heimatfluss, für den er auch bereit ist zu kämpfen.

Bild Doppelseite: die Altstadt Landsbergs mit Kiesstrand, Lechwehr und der Karolinenbrücke
links: Anton Lichtenstern auf der Karolinenbrücke, 2018
oben: Anton Lichtenstern (rechts) mit seiner Jugendgruppe am „Kongo", 1954

Franz Xaver Rößle

Jurist, ehem. Oberbürgermeister der Stadt
Landsberg am Lech
Jahrgang 1947
geboren und aufgewachsen in Landsberg am Lech

In seiner Jugend war das Inselbad am Lechwehr sein Tummelplatz. Und auch die „Sulz" südlich der Stadt kannte er gut, durch den Oberlehrer Karl Uhl. Später paddelte er mit seinem Schwiegervater auf dem Lech. Und bald auch mit den Kindern.

Nach dem gewonnenen Kampf um die Erhaltung des Lechwehrs durfte Franz Xaver Rößle wie so manches Mal in seinem Leben erleichtert durchatmen. Vor allem dann, als den damaligen Oberbürgermeister im Juni 1999 die Nachricht erreichte: „Das Katastrophenhochwasser ist abgesagt."

Bild oben: Sommer am Kiesstrand beim Lechwehr, links hinten der Vater von Franz Xaver Rößle
rechts: Franz Xaver Rößle vor dem Lechwehr, 2018

609,9
Köhler
626,2
587
Sandau
Ötting
Sägmühle
(633,2)
640,1
Ziegeleien
Spötting
Bahnhof
(587,0)
585
Lech
Pößinger au
646
Pößing

Sandau
Lech
A 96
Landsberg am Lech
Landsberg (Lech)
Zehnerhof
Pössing
Lech

Ich bin in Landsberg am Lech geboren – und zwar auf der richtigen Seite!", betont Franz Xaver Rößle augenzwinkernd. Das unterstreicht auch Anton Lichtenstern, der jedoch, im Gegensatz zum Altstädtler Rößle, ein „Bergler" und in der Bayervorstadt groß geworden ist. Beide kommen also von der „richtigen", d. h. der oberbayerischen und nicht der schwäbischen Seite des Lechs. Dort, so sagte man recht abfällig, wohnten die sogenannten „Mösler".

Als der zehnjährige Franz Xaver Rößle nach 6 Wochen im Internat in Augsburg das erste Mal heimkam und statt „oans, zwoa, …" plötzlich „oins, zwoi, …" zählte, wurde er glatt vom Vater ausgelacht. In Augsburg sprach man doch einen auffallend anderen Dialekt. Das in Landsberg gesprochene Lechrainisch war zudem deutlich vornehmer als das der umliegenden Dörfer.

Franz Xaver Rößles Vater war es auch, der dem Jungen von klein an einschärfte: „Der Lech hat so viele Strudel. Da gehst du nicht runter!" Die Metzgerei der Eltern lag unweit des Lechs nahe am Mühlbach, der dann über den Wäscheplatz und die Lange Fahrt (die heutige Flößergasse) zum Lech führte. Der Tod eines im Mühlbach ertrunkenen Buben eines Metzgerkollegen verlieh des Vaters Warnung ordentlich Nachdruck. Auch aus eigener Entscheidung suchten Menschen den Tod in den Fluten des Lechs, ob aus Verzweiflung, Armut oder Einsamkeit. Die Formulierung „er/sie ist in den Lech gegangen" ist landauf und landab geläufig.

Dagegen hat Anton Lichtenstern seinen Freund Hansi unabsichtlich in große Gefahr gebracht, als dieser bei einem Wendemanöver über Bord ihres alten hölzernen Gaffelseglers ging. Nicht die Strömung war hier im Stausee das Gefährliche, sondern das im Oktober schon eiskalte Wasser. Bei anderer Gelegenheit drohte Anton Lichtenstern selbst mit der von einem Freund gebauten, abenteuerlichen Konstruktion „abzusaufen", wurde aber glücklicherweise von einem der Bootsbauer gerettet.

Trotz aller Gefahren ging vom Lechufer eine ungeheure Faszination aus. Später, schon Student in München, Freiburg und Bonn, verbrachte Rößle seine Semesterferien stets daheim am Lech. An dessen seinerzeit noch deutlich breiteren Kiesstränden lernte er als 20-Jähriger seine spätere Frau kennen. Und bis heute ist es bei den Landsbergern üblich, am Lechwehr zu liegen und die Sonne zu genießen. Schon in den 1950er-Jahren waren die Jugendlichen, so erzählt Rößle, fasziniert von der Heckel Marie, wie sie sich als vornehme Dame mit hochgesteckten Haaren in ihrem schwarzen einteiligen Badeanzug am Lechwehr zeigte. Noch gut erinnern sich beide an das unbeschreibliche Gefühl, auf dem heißen Kies am fließenden Lech zu liegen. Eine gehörige Portion Mut war vonnöten, wollte man schwimmend die Westseite des Flusses erreichen. Auf gleichem Weg zurück war, vor allem bei Hochwasser, so gut wie unmöglich.

Das in den 1930er-Jahren zum Freibad ausgebaute Inselbad war und ist ein beliebter Treff, den Rößle bis heute regelmäßig besucht. Diese Insel im Lech inmitten der Stadt ist für beide Landsberger auch eine der Besonderheiten ihrer Heimatstadt. Nicht ohne Stolz berichtet Anton Lichtenstern, dass sein Vater am Bau der Brücke zum Inselbad beteiligt gewesen war.

Anton Lichtenstern und seine Jugendfreunde eröffneten die Badesaison im Lech bzw. in seinen Stauseen in manchen Jahren schon an einem föhnigen Josephitag (19. März) bei zwar 23 °C Luft-, aber nur 8 °C Wassertemperatur – gemessen mit einem holzgefassten Badethermometer. Nicht selten reichte die Saison bis Allerheiligen (1. November). Im Hochsommer dagegen versprach der Lech mit 18 bis 22 °C Wassertemperatur eine angenehme Abkühlung.

Andere Freunde aus Kindertagen oder Schulkameraden haben das Schwimmen nicht im Inselbad oder im Lech gelernt, sondern in einem seiner Altarme in den an die Stadt grenzenden Auen. Der „Dschungel" war einer der

Kartenvergleich: Landsberg am Lech um 1900/2018

Abenteuerspielplätze, auf denen in der Nachkriegszeit „gefährliche" Bubenbanden – inspiriert durch die Lektüre von Karl May – das Überleben in der Wildnis übten: Aus Fichtenzweigen, „Daxen" genannt, wurden Hütten an den Lagerplätzen gebaut, auf denen natürlich auch ein Marterpfahl nicht fehlen durfte. An diesen wurden mit Vorliebe ängstliche, aber neugierige Mädchen gebunden und mit Brennnesseln „gefoltert".

Anton Lichtenstern, der dieses Treiben „der Großen" mit seinen Altersgenossen nur heimlich beobachtete, fing später in den Altarmen der Lechaue Fische mit den bloßen Händen oder mit Drahtschlingen, schlachtete sie mit dem Taschenmesser und garte sie, aufgespießt auf einer Astgabel, über dem Feuer. Was Anton Lichtenstern als „Dschungel" beschreibt, hat Franz Xaver Rößle als „Sulz" durch seinen verehrten Lehrer Karl Uhl kennengelernt, der – mit Glatze und Dreiecksbadehose – dieses Gebiet mit seinen Schülern aufsuchte. Und wer noch nicht schwimmen konnte, hat es dort gelernt: Dabei hat Lehrer Uhl die Kinder vor dem Abtreiben in den „großen Strom" wieder aus dem Wasser gefischt. Von ihm hat er aber auch gelernt, wo der Lech entspringt und wie die Seen im Quellgebiet und all die zufließenden Bäche heißen. Besonders beeindruckt war Franz Xaver Rößle von Uhls selbst gefertigten Leporellos zum Lech.

Im Winter konnte man in der „Sulz" wunderbar Eislaufen – besonders angesehen war natürlich derjenige, der dabei ein Kofferradio auf der Schulter trug. Neben der „Sulz" bzw. dem „Dschungel" gab es auch noch den etwa 5 Kilometer flussabwärts in den Auen gelegenen „Kongo". Dieser Abschnitt der Lechauen war durch ein Steilufer mit einem Wasserfall und Kalktufffelsen geprägt. Dort, wo sich Anton Lichtenstern als Jugendlicher beim Baden den Fuß an einer Glasscherbe stark verletzte, mit seiner Jugendgruppe über dem Lagerfeuer im Wald Leberkäse briet und beim Buddeln im Wald Scherben aus der Römerzeit zutage förderte, fand später auf seine Initiative hin eine umfangreichere Suchgrabung statt. Auf einer Fläche von etwa 1 mal 4 Metern auf der zweiten Lech-Terrasse entdeckte er mit seinen Kollegen nicht nur einen goldenen Ring, sondern auch die Reste einer römischen Villa mit Bruchstücken einer in pompejanischem Rot bemalten Wand. Diese Funde sind heute auf Schloss Grünwald bei München, einer Außenstelle der Archäologischen Staatssammlung, ausgestellt.

„Bist du dafür, dass am Lechwehr ein Kraftwerk errichtet wird?"

Als begeisterter Pfadfinderführer veranstaltete Anton Lichtenstern unweit des Lechs bei Dornstetten 1956 ein „Indianerlager", bei denen die Buben in Zelten hausten, über dem Lagerfeuer kochten, die Umgebung erkundeten und gemeinsam Lieder sangen. Auf selbst gebauten Flößen überquerten sie den Stausee und lieferten sich gnadenlose Wasserschlachten. Einer der Pfadfinder drehte darüber einen Film – das war damals etwas ganz Besonderes. Später leitete Anton Lichtenstern ein „Gaulager" in der Nähe der Litzauer Schleife bei Schongau und war an einem Zeltlager zur Ausbildung von Pfadfindern aus ganz Deutschland beteiligt. Dabei waren Floßbauen und das Erarbeiten der Geologie des Lechtals Aufträge für die Teilnehmer. Bis heute hat sich die Bezeichnung „Gaulagerwiese" für einen seinerzeit genutzten Lagerplatz südlich von Schongau erhalten.

Mit Kollegen und bei Hochwasser befuhr Anton Lichtenstern in den Osterferien einmal die Litzauer Schleife. Ein ängstlicher Mitfahrer brachte das Boot zum Kentern, indem er sich an einen vom Ufer in den Fluss ragenden Ast klammerte: Die gesamte Besatzung landete im 10 °C kalten Lech. Kentererfahrungen haben dort auch schon Franz Xaver Rößle und sein Sohn gemacht. Dennoch paddeln sie bis heute mindestens einmal jährlich durch die Litzauer Schleife.

Als Jugendlicher konnte man Mutproben aber nicht nur auf zusammengezimmerten, schwimmenden Konstruktionen bestehen, sondern auch mitten in der Stadt: Das Lechwehr – prägend für Landsberg – bot ausreichend Potenzial dafür. Was als Kind strikt verboten war, übte besonderen Reiz auf die Heranwachsenden aus. Über das Lechwehr zu gehen oder gar unter dem fallenden Wasser hindurch, war nicht nur strömungsbedingt, sondern auch wegen der zum Teil noch handgeschmiedeten Nägel, die vereinzelt durch die alten Bohlen ragten, gefährlich. Aber auch durchaus amüsante Erinnerungen sind mit diesen Ereignissen verbunden: Dem Schwager von Anton Lichtenstern zog das Wasser bei der Querung des Lechwehrs fast seine Badehose aus und er kam – die Badehose am Fuß – auf den gegenüberliegenden Kiesstrand gehumpelt. „Und das war in den 1960er-Jahren noch richtig peinlich!"

Das Wehr hat vieles miterlebt und besteht schon sehr lange. Ein einstufiges Bauwerk durch den Lech ist bereits auf einem Gemälde aus der Zeit um 1460 erkennbar. Diese frühe Querverbauung diente der Ableitung des Mühlbachs. Mit zunehmender Eintiefung des Lechs wurden weitere Stufen ergänzt, die wiederholt marode wurden und neu gebaut werden mussten. Die letzte Stufe wurde 1935 ergänzt.

Einem seiner Amtsvorgänger – Dr. Baur, der auf einem Foto im Lechwehr stehend verewigt wurde – hat es Franz Xaver Rößle nicht gleichgetan, aber immerhin hat auch er einmal in seinem Leben als amtierender Stadtrat trotz aller Verbotsschilder auf den Stufen des Lechwehrs gestanden. Die Gelegenheit dazu bot sich 1985, als sich alle Aufmerksamkeit auf eine Einweihungsfeier an einer anderen Stelle der Stadt konzentrierte und er sich unbeobachtet diesen „Fehltritt" leisten konnte.

Das Lechwehr als prägendes Wahrzeichen der Stadt war es auch, das die beiden Weggefährten, die sich in der Landsberger Studentenschaft – einer überparteilichen und konfessionsungebundenen Studentenvereinigung – kennengelernt hatten, enger aneinander band. Die Frage Anton Lichtensterns „Bist du dafür, dass am Lechwehr ein Kraftwerk errichtet wird?" beantwortete Franz Xaver Rößle prompt und bestimmt mit: „Nein!" „Dann müssen wir

Bild: im „Kongo" – verstecktes Kleinod am Lech bei Landsberg

'was dagegen tun", war die konsequent folgende Aufforderung Lichtensterns. So begann 1982 der Kampf gegen den Bau eines Kraftwerkes am Lech. War Anton Lichtenstern in den 1970er-Jahren bereits 6 Jahre als Stadtrat tätig gewesen, so kandidierte Franz Xaver Rößle 1984 erstmals für ein solches Mandat, wurde gewählt und kämpfte in dieser neuen Rolle weiterhin für den Erhalt des Lechwehrs. Sein diesbezügliches Engagement war es vermutlich auch, das dem Unabhängigen 1988 zum Amt des Oberbürgermeisters verhalf. Es war für eine bayerische Stadt durchaus ungewöhnlich, dass ein solches Amt nicht an die CSU fiel.

Die Auseinandersetzungen unter den Einwohnern brachten viele persönlich schwierige Situationen mit sich. Wohl war die Mehrheit der Bevölkerung gegen den Bau des Kraftwerkes, die Menschen zur Gegenwehr zu mobilisieren, war jedoch schwierig. Aber es gab durchaus auch Befürworter – unter ihnen der damals amtierende Oberbürgermeister – die versuchten, mit dem Argument der umweltfreundlichen Energie zu überzeugen. Wie so oft im Leben war am Ende auch ein Quäntchen Glück hilfreich für den Sieg. In diesem Fall eine Äußerung des damaligen bayerischen Innenministers Max Streibl, der sich mit seiner Aussage „Nicht gegen den Willen der Landsberger" gegen den Bau des Kraftwerks in der Landsberger Innenstadt aussprach. Als er 1988 nach dem Tod von Franz Joseph Strauß diesem in das Amt des bayerischen Ministerpräsidenten folgte, erinnerte ihn Franz Xaver Rößle in einem Telefonat an sein damaliges öffentliches Bekenntnis. Und wie man erleben durfte, durchaus mit Erfolg.

Der Kampf um das Lechwehr ist nur ein Beispiel von vielen Auseinandersetzungen zwischen der Stadt und dem Freistaat Bayern. Der Fluss ist wasserrechtlich stets in staatlicher – früher herzoglicher – Hand gewesen. Wenn es aber um Brücken und Bauten im und am Fluss ging, war die Stadt zuständig. Daraus erwächst eine unklare Rechtslage. In einem Dokument aus dem Jahr 1786 von Kurfürst Karl Theodor ist verbrieft, dass der Staat für die Unterhaltung des Lechs – und damit auch für das Lechwehr – zahlt, solange die Stadt (hoch) verschuldet ist. Darauf berief sich Franz Xaver Rößle, nachdem der Freistaat seinen Verzicht auf das Kraftwerk erklärt hatte, sich aber bei der Finanzierung des notwendigen Neubaus des Lechwehrs zurückhaltend zeigte. Letztlich beteiligte sich die Stadt mit 25 % an den Kosten, setzte aber zugleich durch, dass nicht ausschließlich mit Beton, sondern teilweise auch mit Holz gearbeitet wurde, um an die ursprüngliche Bauweise zu erinnern. Zum größten Bedauern der beiden Weggefährten gelang es nämlich nicht, das Katharinenwehr als Baudenkmal anerkennen zu lassen, was beide, die in ihrer Zeit als Stadtrat auch Denkmalreferenten waren, bis heute wurmt. Trotz der Unterstützung der damaligen für die Stadt zuständigen Referentin des Landesamtes für Denkmalpflege versagte die obere Denkmalbehörde diese Anerkennung mit Verweis auf die zahlreich erfolgten Umbauten. Für die

Bild: „Kaskade" – Gemälde des Lechwehrs von Manfred Jacob Vogt, 1995

gesamte Stadt gilt zumindest der Ensemble-Schutz und nicht ohne Stolz verweisen Franz Xaver Rößle und Anton Lichtenstern darauf, dass Landsberg als Stadt über mehr Einzelbaudenkmäler verfügt als ganz Niederbayern.

Im Gegensatz zu der als wenig konstruktiv empfundenen Zusammenarbeit mit dem freistaatlichen Denkmalschutz verweisen Rößle und Lichtenstern auf die gute Zusammenarbeit mit dem BUND Naturschutz in Bayern e. V. (BN). Die Bürger Landsbergs und den BN verbindet seit dem Kampf gegen das Kraftwerk am Lech eine partnerschaftliche Zusammenarbeit: Als „Dank" für die Unterstützung durch den BN erhielt dieser schließlich Rückendeckung von der Bürgeraktion Lechwehr bei seinem Engagement gegen die nördlich geplanten Staustufen. Und davon profitiert Landsberg bis heute; sowohl Franz Xaver Rößle als auch Anton Lichtenstern empfinden die Lage an einem naturnahen Lechabschnitt als großes Glück.

Trotz des Lechausbaus gibt es nach wie vor bedrohliche Hochwasser am Lech.

Aber nicht nur der Erhalt des historischen Lechwehrs war eine Herausforderung, auch die wiederkehrenden Hochwasser verlangten in gleichem Maße Aufmerksamkeit. Trotz des Lechausbaus gibt es nach wie vor bedrohliche Hochwasser am Lech, denn die Staustufen können die Wasserstände maximal im Bereich von einem Meter regulieren. Mit einer derartigen Situation sah sich Franz Xaver Rößle im ersten und letzten Jahr seiner Amtszeit 1988 und 1999 konfrontiert. Im Sommer 1988 trat der frisch ins Amt gewählte Oberbürgermeister seinen Sommerurlaub erst nach eingehenden Abwägungen an, denn ungewöhnlicher Dauerregen ließ den Fluss erheblich anschwellen. Von Italien aus rief er täglich bei seiner Mutter an, um sich nach dem Wasserstand des Lechs zu erkundigen.

1999 verschärfte sich die Situation am Pfingstwochenende, als die erste Hochwasserwelle eine der Kiesbänke wegschwemmte. Angesichts des Dauerregens waren alle Hilfsorganisationen im gesamten Landkreis im Einsatz, einzig die eigene Feuerwehr verblieb in der Stadt. Mit dieser beratschlagte der Oberbürgermeister, was zu tun sei, denn es schossen bereits 1.000 m^3 Wasser pro Sekunde durch den Lech, der regulär einen Durchfluss zwischen 70 und 120 m^3 pro Sekunde hat. Um 14 Uhr wurden telefonisch weitere 500 m^3 pro Sekunde angekündigt. Es bestand die akute Gefahr der Zerstörung der Lechbrücke und der Flutung der Innenstadt. Die Feuerwehr wurde umgehend auf beiden Seiten des Lech positioniert und Rößle stand vor der Entscheidung, die Bevölkerung zu alarmieren und in Teilbereichen zu evakuieren oder nicht. Dann kam um 17 Uhr der erlösende Anruf: „Das Katastrophenhochwasser ist abgesagt." Auch wenn ihm in diesem Moment ein so großer Stein vom Herzen fiel wie sonst noch nie in seinem Leben, stellte er sich doch zugleich die Frage, wie denn so etwas sein könne: „ein Hochwasser absagen"? Grund dafür war der vorsorgliche „Umbau" der Absturzsicherung am Radweg auf der Forggensee-Staumauer zu einer wasserwirtschaftlich (noch) nicht genehmigten Erhöhung der Mauer und die beherzte Entscheidung des Wasserwirtschaftsamtsleiters Kempten, diese dennoch zu nutzen. Infolgedessen standen zwar in Füssen einige Keller unter Wasser und der für den Tourismus wichtige Strand des Forggensees wurde überflutet, aber von Landsberg und Augsburg wurde eine Katastrophe abgewendet, die vielleicht nicht die Ausmaße von 1910 erreicht, wohl aber erhebliche Schäden verursacht hätte.

So war, ist und bleibt das Wasser und vor allem der Lech ein täglicher Begleiter des Lebens von Franz Xaver Rößle und Anton Lichtenstern. Spannend wäre es jetzt noch, eine weitere Zeitzeugensicht zu hören – nämlich die des Lechs selbst.

Aufgeschrieben von Dorit Protze und Uta Steinhardt

Der Lech –
Quelle der Lebensfreude

Dr. Rennwart Freiherr von Schnurbein, Hurlach
Dr. Hartmut Freiherr von Schnurbein, Hurlach

Dr. Rennwart Freiherr von Schnurbein

Arzt
Jahrgang 1937
geboren in Blankenburg am Harz
aufgewachsen in Hurlach und Kaufering

Über 100 Jahre alte Fotografien mit Personen am unverbauten Lech sind eine Rarität. Die Familie von Schnurbein hatte die Möglichkeiten, solche Erinnerungsstücke ins Familienarchiv aufzunehmen.
Die Großeltern von Rennwart und Hartmut von Schnurbein waren im Schloss Hurlach ansässig. Zum Kriegsende 1945 nahmen sie die Verwandten aus dem Harz in ihrer ursprünglichen Heimat in Hurlach auf.

Bild Doppelseite: Dr. Hartmut von Schnurbein mit Ehefrau Dagmar und zwei Enkeln auf Exkursion am Tiroler Lech, 2017
links: Dr. Rennwart von Schnurbein beim Interview, 2018
oben: Großmutter und Vater von Dr. Rennwart und Dr. Hartmut von Schnurbein am Hurlacher Lechufer, 1907

Dr. Hartmut Freiherr von Schnurbein

Arzt
Jahrgang 1943
geboren in Blankenburg am Harz
aufgewachsen in Hurlach und Kaufering

Die Familie von Dr. Hartmut von Schnurbein nutzt die Zeit des Ruhestands, um auch den Enkeln die Landschaftsveränderungen am Lech bewusst zu machen. Dazu fahren sie unter anderem gen Süden an den „wilden Tiroler Lech“ (wie das doppelseitige Bild der vorangehenden Seiten zeigt), um den Nachfahren die dynamische Wildflusslandschaft mit Hoch- und Niedrigwasser, Kiesbänken und jeder Menge Totholz erlebbar zu machen.

Bild oben: Hartmut von Schnurbein am Hurlacher Lech, 1949
rechts: Dr. Hartmut von Schnurbein beim Interview, 2018

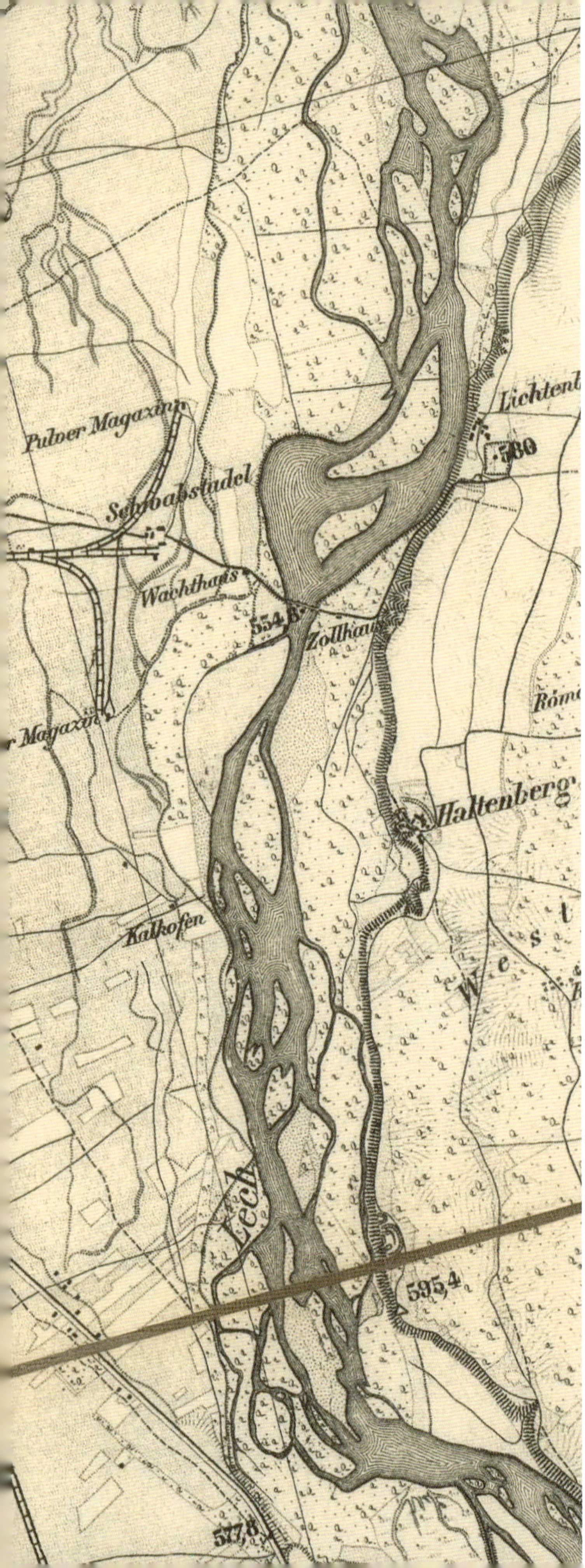
Pulver Magazin
Schwabstadel
Wachthaus
554,8
Zollhaus
580
Haltenberg
Kalkofen
Lech
595,4
577,8

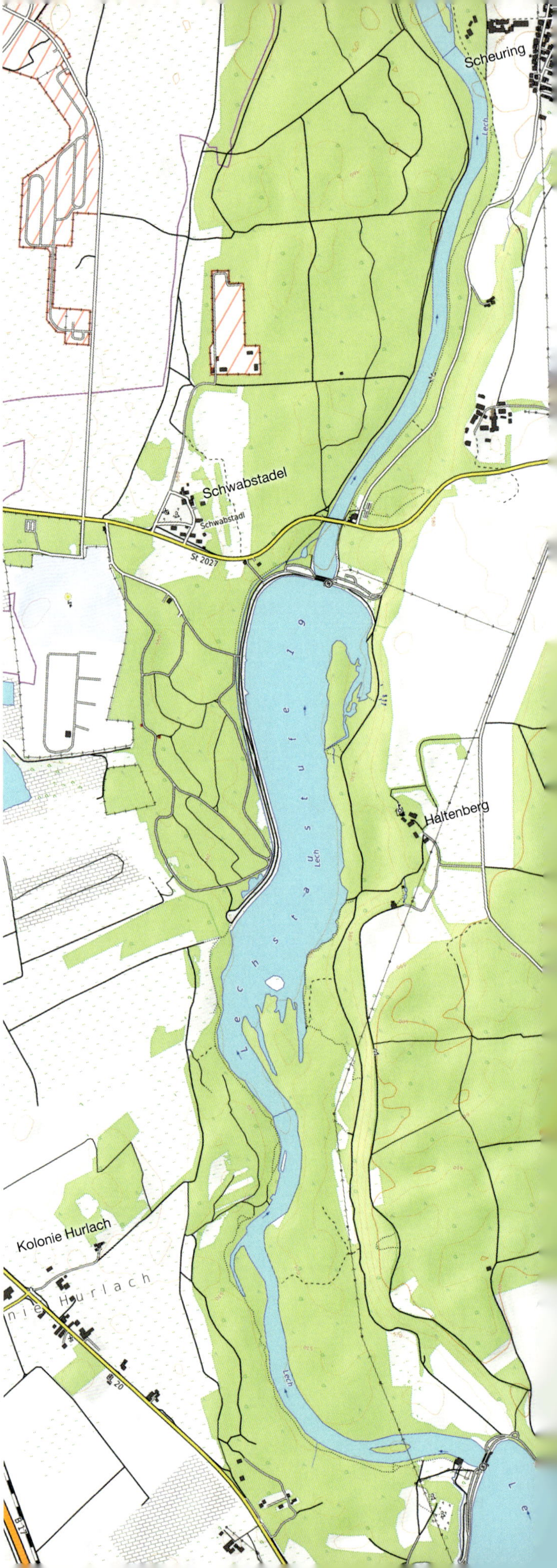
Scheuring
Lech
Schwabstadel
Schwabstadel
St 2027
Lechstaustufe 19
Lech
Haltenberg
Kolonie Hurlach
Lech

Ob zu Fuß, mit dem Fahrrad oder dem Pferdewagen: Die Familie von Schnurbein – ursprünglich zu Hause am östlichen Harzrand in Blankenburg – verbrachte seit ihrer Ankunft in Hurlach nach dem Zweiten Weltkrieg einen großen Teil ihrer Freizeit am Lech. Der Vater eröffnete dort 1945 eine hausärztliche Praxis. 1956 zog die Familie mit ihren 9 Kindern nach Kaufering um.

Hartmut Freiherr von Schnurbein und sein 7 Jahre älterer Bruder Rennwart verbinden ausgesprochen lebhafte Erinnerungen an viele glückliche Stunden ihrer Kindheit am Fluss, der eine große Faszination auf sie ausübte. Dort spielten sie mit den Steinen, übten Schwimmen, ließen sich von den Wellen des Flusses tragen und lauschten dem Klickern der rollenden Kiesel in den seichteren Bereichen, in denen man sich nur vorsichtig auf dem Rücken liegend treiben lassen konnte.

In einem der flachen Gumpen am Rande hat einer der Brüder das Schwimmen gelernt. Durch eine nahe gelegene Engstelle schoss das Wasser mit unglaublicher Kraft und Geschwindigkeit. Gebannt standen die Kinder davor, bis einer den Mut hatte, hineinzuspringen. Dann war der Bann gebrochen und der Mutige fand viele Nachahmer – darunter ein im Schwimmen gut geübtes Mädchen, das dabei jedoch von einem Strudel erfasst wurde. Besonnen zog die Schwimmerin ihre Beine an und stieß sich vom Grund des Flussbettes ab, um wieder an die Oberfläche zu gelangen. Ähnlich ging es einem Vetter der Brüder von Schnurbein. Aber trotz der Gefahren fühlten sich die Jungen immer wieder vom Lech angezogen und stellten sich seinen Herausforderungen. Beide erfüllte es mit unheimlichem Stolz, als es ihnen zum ersten Mal gelang, durch den Fluss zum anderen Ufer zu schwimmen.

An den Wochenenden unternahm oft die gesamte Familie Ausflüge zum Lech. Zunächst noch ohne Auto, dazu wurde Nander, das Pferd, vor den Brückenwagen gespannt und dann ging es zum Lech. Auf dem Weg dorthin zeigte der Vater den Kindern Stellen, an denen er noch gebadet hatte. Die lagen allerdings mehr als 3 Meter über dem jetzigen Wasserspiegel des Flusses, der offensichtlich bereits vor seiner Regulierung zur energetischen Nutzung durch eine beachtliche Tiefenerosion gekennzeichnet war. Bei einem dieser Ausflüge geriet die Familie 1946 in ein so heftiges Unwetter, dass das Pferd mit dem Wagen durchging und einige Mitfahrer herabfielen. Im nahen Rasthaus an der Bundesstraße wurden sie von amerikanischen Soldaten liebevoll versorgt, die sie in Decken wickelten, um sie wieder aufzuwärmen. Die Brüder schätzten aber auch die Spaziergänge mit dem Vater zu den Kiesbänken, wo sie die Steine übers Wasser „pfitzen" ließen. Der Vater erzählte ihnen einiges zu den Steinen und stachelte ihren Ehrgeiz an, selbst welche mit roten Granateinschlüssen zu finden.Als besonders beeindruckend haben die Brüder die Kalktuffabbrüche bei Hurlach in Erinnerung, dort lagen nach jedem Hochwasser neu abgebrochene Felsbrocken im Flusslauf. Auch hier wurde der Lech seiner Bezeichnung als Wildfluss wirklich gerecht. Heute kann man diese Felsen bei klarem Wasser noch unter der Wasseroberfläche erkennen.

„Die Erinnerung daran, dass diese Wildheit unwiederbringlich verloren gegangen ist, schmerzt uns alle wirklich sehr", so die Schnurbein-Brüder. Mit dem Bau der Staustufe 18 zwischen Kaufering und Hurlach 1976 und danach bei Schwabstadl verschwanden nicht nur die Kalktufffelsen, sondern auch Teile ihrer Kindheit. Zu diesem Zeitpunkt hatten die Brüder nach Abschluss ihres Medizinstudiums die Praxis des Vaters bereits übernommen. Einer der Patienten, der in den Lechauen zur Jagd ging, überreichte dem Arzt in jenen Tagen einen großen Erdballen mit den Worten: „Hier, den Frauenschuh hab ich für Sie ausgegraben. Der wird jetzt eh überflutet." Seit mehr als 40 Jahren wächst der nun im Garten der Familie und blüht Jahr für Jahr. Der andere Bruder hat eine damals anderthalb Meter hohe kleine Fichte von einer Lechinsel vor dem Ertrinken gerettet und in seinen Garten gepflanzt. Er erinnert sich, dass der Baum aufgrund der anderen Standortverhältnisse zunächst nicht weiter in die Höhe

Kartenvergleich: Hurlach um 1900/2018

wuchs, sondern „nur Fett ansetzte". Auch wenn die dann entstandenen Stauseen durchaus ihren Reiz hätten – besonders erwähnen die Brüder in diesem Zusammenhang die Eisvögel, die sie aus ihrer Kindheit nicht kannten –, sei aus dem schönen wilden Lech ein langweiliger, mitunter sogar scheußlicher Fluss geworden. In den ersten Jahren, vor Aufnahme des Schwallbetriebes, konnte man im Winter auf dem Stausee bei Kaufering immer wieder das muntere Treiben von Eisläufern beobachten, wie man es sonst nur von Bildern aus den Niederlanden kannte.

Trotz des Aufstaus hat sich die Hurlacher Heide noch einen Großteil ihrer Attraktivität bewahrt und ist bis heute aufgrund der botanischen Raritäten ein lohnendes Ziel. Im Frühjahr eröffnet der Enzian die Blütensaison, die im Sommer von zahlreichen Orchideen, u. a. den Ragwurz-Arten, geprägt wird und bis in den Herbst hineinreicht. Die wilden Feuer-Lilien jedoch, die die Schnurbein-Büder aus ihrer Kindheit aus den Lechheiden zwischen Hurlach und Kaufering kannten, sind verschwunden. Heute führt ihr häufigster Spazierweg lechaufwärts, wo man den vormaligen Wildfluss noch erahnen kann. Manchmal zieht es sie aber auch abwärts, die Lechleiten entlang.

Die Erinnerungen für ihre Kinder und Enkel zu bewahren, ist Dagmar und Hartmut von Schnurbein besonders wichtig. Auf den gemeinsamen Spaziergängen bringen sie ihnen den Fluss nahe, der sie viele Jahre ihres Lebens begleitet und geprägt hat. Ausflüge führen sie dabei auch zum Tiroler Lech, wo die Dynamik des Wildflusses noch weitgehend ungebändigt ist. Den Enkelkindern zu zeigen, wie lebendig, aktiv und kraftvoll Wasser sein kann, wie der Fluss sich über Nacht nach einem Starkregen verändert, ist ihnen eine Herzensangelegenheit. Im letzten Jahr haben sie mit jedem Enkelkind (6, 9 und 12 Jahre alt) jeweils 3 bis 4 Tage am Tiroler Lech bei Weißenbach verbracht. Stundenlang spielten sie am Wasser, bauten Staudämme, sammelten Steine und Treibholz – im Rucksack nur eine Brotzeit und ein Schnitzmesser. Groß und Klein erlebten an diesen Tagen „unglaubliche Freude und Faszination am Nichts". Dabei machen die Großeltern die Enkelkinder aufmerksam auf Prozesse, die an einem Wildfluss ablaufen. Ganz ohne schwierige, wissenschaftliche Sprache erklären sie ihnen, was sie selbst eben wissen und zeigen ihnen gleichzeitig die Veränderungen, die an dem Teil des Lechs, der den Kindern bekannt und vertraut ist, stattgefunden haben. Diese Szenen mit den Enkelkindern versetzen Hartmut zurück in seine eigene Kindheit. Vor allem die veränderlichen Farbtöne von türkisblau über smaragdgrün bis schmutzig-braun rufen jene Zeiten in Erinnerung, als der Lech bei Kaufering noch ähnlich ungebändigt fließen konnte wie heute nur noch in Tirol.

Groß und Klein erlebten an diesen Tagen „unglaubliche Freude und Faszination am Nichts".

All die Geschichten, die sich in den Wellen des wilden Lechs, auf seinen Kiesbänken und an seinen Ufern zugetragen haben, kann man in ihrer Gänze wohl nur erahnen. Und doch vermitteln die Erinnerungen der Brüder von Schnurbein einen lebhaften Eindruck davon, wie es gewesen sein muss, an einem wilden Fluss aufzuwachsen.

„Man konnte ja fantastisch spielen und ich weiß noch, ich war mit einem Freund am Lech unten, es war ein heißer Tag", so denkt auch Rennwart an einen Tag in seiner Kindheit zurück. „Da haben wir stundenlang einen dicken Damm gebaut, um das Wasser aufzustauen und das ist uns auch gelungen – aber es war nicht so gut für uns, denn wir hatten einen grauenhaften Sonnenbrand. Wir hatten Blasen auf dem Rücken und konnten nur noch auf dem Bauch schlafen. Das war nicht sehr lustig, aber man war so fasziniert bei diesem Spielen, wie ich es woanders so nicht erlebt habe."

Aufgeschrieben von Lisa Maier und Lisa Herzog

Bild: der Eisvogel nutzt zur Jagd Äste, die vom Ufer aus über das Wasser ragen – sogenannte Ansitzwarten (Hurlach)

In Symbiose mit dem Lech und seinen Landschaften

Dr. Eberhard Pfeuffer, Haunstetten

Dr. Eberhard Pfeuffer

Internist und Hausarzt
Jahrgang 1943
geboren in Würzburg und aufgewachsen in der Rhön,
im Spessart und in Regensburg
lebt seit 1978 in Augsburg

Wenn jemand behaupten kann, er setze sich für den Lech ein, dann ist es er! Immer die gesamte Lechlandschaft im Blick und mit einem Fachwissen, das so manchen Berufsbiologen mit den Ohren schlackern lässt. Eberhard Pfeuffer hat hohe Ansprüche an sich selbst, was beispielsweise an seinen hochwertigen Buchveröffentlichungen sichtbar wird. Umso klarer sind aber auch seine Forderungen gegenüber anderen. So hat er sich u. a. intensiv in das Mammutprojekt „Licca liber" eingebracht.

Eberhard Pfeuffer sieht sich selbst in dem großen Thema Lech als kleines Rädchen, brachte aber den „vergessenen Fluss" wieder in die Köpfe der Lechtaler. Zudem zeigt er uns unermüdlich auf, welche Juwelen hier, direkt vor unserer Haustüre, verloren gingen und was getan werden muss, um unsere Lebensgrundlagen zu sichern.

Bild Doppelseite: lichte Kiefernwälder gehören zu den artenreichsten Waldlebensräumen Mitteleuropas (Haunstetten)
oben: Eberhard Pfeuffer (links) und sein Bruder vor dem elterlichen Forsthaus im Spessart, um 1955
rechts: mit Eberhard Pfeuffer an der Seite bleibt einem auch die unbelebte Natur nicht verborgen, 2018

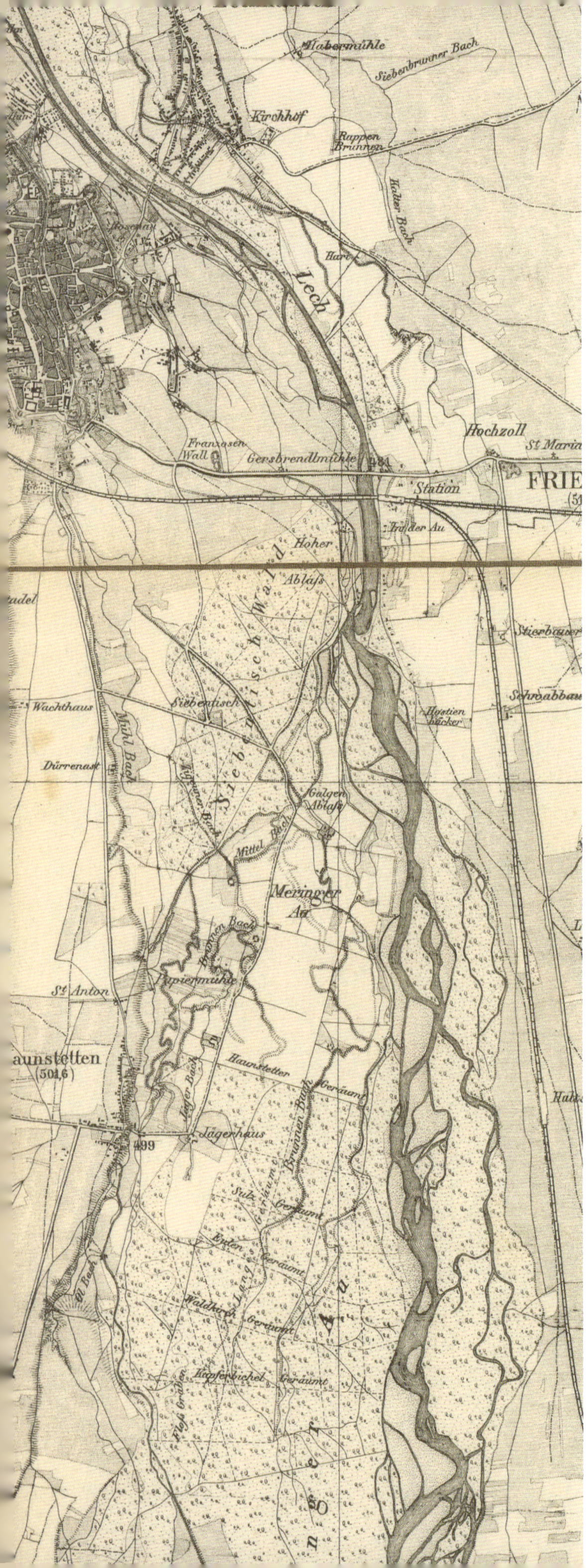
Habermühle
Siebenbrunner Bach
Kirchhof
Rappen Brunnen
Kalter Bach
Lech
Hochzoll
St Maria
FRIE
Franzosen Wall
Gersbrendlmühle
Station
Hoher Ablaß
Wachthaus
Dürrenast
Siebentisch
Hostien Bäcker
Galgen Ablaß
Mittel Bach
Meringer Au
St Anton
Papiermühle
Haunstetten (5016)
Jägerhaus
499

Lechhausen
Jakobervorstadt
Augsburg
Hochzoll
Klausenkopf 483
Kuhsee
Grenzkopf 490
Siebenbrunn
Auensee
Haunstetten
NSG Kissinger Heide
Weitmannsee
Lautersee
Ilsesee

Ein wunderschön blauer Himmel – bayerischer Himmel – an einem warmen Tag im August des Jahres 1978. Eberhard Pfeuffer und seine Frau Renate schlendern durch die Stadt Augsburg. Der aus Franken stammende Arzt ist auf der Suche nach Räumen für eine eigene Praxis. Doch das Paar will sich an seinem neuen Wohnort auch wohlfühlen und hatte sich bereits in mehreren Städten umgesehen. So spazieren sie nun an diesem sonnigen Tag durch die Stadt am Lech und entlang des Eiskanals der olympischen Kanuten. An dieser Stelle begegnet ihnen zum ersten Mal das frische Wasser des Flusses, der in Zukunft einen wichtigen Platz in ihrem Leben einnehmen wird. Bei einem Eis in der Augsburger Altstadt treffen sie die gemeinsame Entscheidung: Dies würde ihre neue Heimat werden.

Aufgewachsen in einer naturverbundenen Familie und mit einem Forstmann als Vater spielte die Natur in Eberhard Pfeuffers Leben schon früh eine zentrale Rolle. Bei seinem ersten Spaziergang am Augsburger Lech ist er entzückt von der Schönheit des Flusses und entdeckt dessen reiche Natur. Zu diesem Zeitpunkt ist ihm noch gar nicht bewusst, dass der Fluss bereits in ein enges Korsett gezwängt ist. Als er ein Jahr später an dieselbe Stelle kommt, trifft ihn jedoch der Schlag. Die Staustufe 18 ist eine riesige Baustelle. Dieser Moment sollte ein einschneidendes Erlebnis für Eberhard Pfeuffer sein und legte den Grundstein für seinen folgenden Einsatz.

Der Erhalt der verbliebenen Natur wird zu seiner Lebensaufgabe. Die Mitgliedschaft im Naturwissenschaftlichen Verein für Schwaben war nur der Anfang. Er beginnt sich mit Wildflüssen zu beschäftigen und natürlich speziell mit dem Lech. Dabei unterstützt ihn vor allem sein Weggefährte und Freund Norbert Müller, der „Lech-Müller", der wilde Flüsse aus einem wissenschaftlichen Blickwinkel betrachtet. Nur die Erfassung der gefährdeten Arten allein reicht Eberhard Pfeuffer jedoch nicht aus. Er will aktiv werden, etwas unternehmen gegen das Verschwinden der Arten und der wertvollen Lebensräume.

Zuerst muss er jedoch mit Entsetzen feststellen, dass der Lech „der vergessene Fluss" ist, wie einst eine Zeitung titelte. Als er in den Buchhandlungen nach Literatur zum Lech sucht, wird ihm immer nur ein einziges Buch angeboten. Er kann überhaupt nicht nachvollziehen, warum sich nur so wenige Menschen mit dieser wunderbaren Landschaft und deren voranschreitenden Zerstörung auseinandersetzen. Um sein Herzensthema stärker in die Öffentlichkeit zu bringen, beschließt Eberhard Pfeuffer, selbst ein Buch zu verfassen, das 2010 mit dem Titel „Der Lech" erscheint. Mit bemerkenswerter Bescheidenheit stellt es sich jedoch nicht als ein von ihm geschaffenes Werk dar, sondern als seine Ehrerbietung für den Lech. Bei den Recherchen, aber auch nach der Veröffentlichung, lernt er viele andere Menschen kennen, die sich ebenfalls für den Fluss engagieren. Das macht ihn über die Jahre zu einem unverzichtbaren Netzwerker. Er bringt die verschiedensten Akteure zusammen und sorgt so nicht nur für die Bündelung der Kräfte, sondern auch für den respektvollen Umgang mit Andersdenkenden.

Irgendwann stößt Eberhard Pfeuffer auch auf den Lechforscher und Heimatfotografen Dr. Heinz Fischer. Mit einem Blick für Details hatte dieser den Lech fotografiert, als der Fluss noch nicht gezähmt war. Pfeuffer, der den Fluss ja erst kennenlernte, als schon vieles verloren war, will dessen Bilder unbedingt sehen. Dieses Vorhaben stellt sich jedoch als schwieriger heraus als gehofft. Der damals bereits verstorbene Dr. Fischer hatte kaum Bilder veröffentlicht, und so muss sich Eberhard Pfeuffer auf eine intensive Suche begeben. Mit einem Freund gräbt er sich auch durch den verstaubten Dachboden des Naturmuseums Königsbrunn. Sie öffnen viele Kisten und finden tolle Exponate. Als in einer kleinen unscheinbaren Kiste schließlich der Schatz von ca. 1.000 Negativen zum Vorschein kommt, ist die Freude groß. In der folgenden Zeit digitalisiert Eberhard Pfeuffer alle Bilder und trifft eine Auswahl für sein nächstes Buch – „Der ungebändigte Lech. Eine verlorene Landschaft in Bildern", das 2012 erscheint. Die undankbare, aber nötige Digitalisierung der Negative betrachtet

Kartenvergleich: Augsburg/Haunstetten um 1900/2018

er keinesfalls als Arbeit, sondern es sei vielmehr einfach nur ein Traum gewesen.

So gelingt es ihm, den Lech in seiner ursprünglichen Schönheit wieder sichtbar zu machen. Das verhindert nicht nur, dass sich bei der heimischen Bevölkerung ein Schleier des Vergessens über die Erinnerungen an die ursprüngliche Landschaft legt. Auch Besucher haben dadurch die Möglichkeit, sich selbst ein Urteil von der Entwicklung bilden zu können. Eberhard Pfeuffer wird von vielen Menschen als sehr bescheiden beschrieben. Den Erfolg des weiteren Buches als seinen Verdienst anzuerkennen, fällt ihm daher sehr schwer. Aus seiner Perspektive ist es nicht sein Buch, sondern das des verstorbenen Heinz Fischer. Er habe nur einen kleinen Beitrag zur Veröffentlichung geleistet.

„Es tut [ihm] furchtbar weh“, wenn er daran denkt, dass die für den wilden Lech so typischen Schneeheide-Kiefernwälder verloren gehen werden und der Lech „nie mehr der Alte sein wird“.

Durch seine Publikationen und seine Arbeit als Vorsitzender des Naturwissenschaftlichen Vereins für Schwaben wird er zum gefragten Experten am Lech – auch für die Medien. Bei zahlreichen Vorträgen und Auftritten vor der Kamera wird Eberhard Pfeuffer nicht müde, von den gefährdeten Landschaften und deren Arten zu sprechen. Mit seiner herzlichen Art kann er viele neue Mitstreiter gewinnen. Aber auch für die Anliegen der Gegenseite hat er immer ein offenes Ohr, ist bestrebt, die Fronten zu durchbrechen und zu gemeinsamen Lösungen zu finden. Gleichzeitig schafft er es jedoch auch, seinen Standpunkten treu zu bleiben und trotz herber Rückschläge unermüdlich für den Lech zu „kämpfen wie ein Löwe“.

Mittlerweile hat sich einiges verändert. Der Lech und seine Gefährdung sind in der Öffentlichkeit angekommen. Eberhard Pfeuffer beschreibt seine eigene Rolle dabei als „kleines Rädchen“, es ist jedoch klar ersichtlich, dass er durch sein unermüdliches Engagement einen wesentlichen, wenn nicht sogar den entscheidenden Beitrag dazu geleistet hat. Auch in den zuständigen Behörden, vor allem bei den Wasserwirtschaftsämtern, haben sich die Ansichten über gute wasserbauliche Praktiken verändert. Die Einsicht, dass die komplexe Dynamik eines wilden Alpenflusses nicht ohne weitreichende Konsequenzen gebändigt werden kann, ist in der Zwischenzeit zu einem bestimmenden Element in der Arbeit dieser Ämter geworden. Für Eberhard Pfeuffer und seine Mitstreiter ist der Kampf für den geliebten Fluss und die ihn begleitenden Landschaften damit erheblich einfacher und ehemalige Kontrahenten sind zu Partnern in gemeinsamer Sache geworden. Nur gemeinsam lassen sich solch große Vorhaben bewältigen.

Aus Eberhard Pfeuffers Sicht spielt dabei auch der Generationenwechsel bei allen Akteuren eine entscheidende Rolle. Wenn er von all den enthusiastischen, „nicht so verknöcherten“ Naturschützern spricht, dann sieht man ihm direkt an, wie sehr ihn die frischen Ideen beflügeln. Er ist immer aufgeschlossen gegenüber neuen und teilweise ungewöhnlichen Vorschlägen und versucht, die jungen Leute so gut es geht zu unterstützen. Er hat erkannt, dass die Zukunft des Lechs maßgeblich von ihnen bestimmt werden wird.

Ist Eberhard Pfeuffer nun ein realistischer Optimist oder ein optimistischer Realist? Wie auch immer. „Es tut [ihm] furchtbar weh“, wenn er daran denkt, dass die für den wilden Lech so typischen Schneeheide-Kiefernwälder verloren gehen werden und der Lech „nie mehr der Alte sein wird“. Das Umdenken bei vielen Akteuren hin zum Öko-

logischen und die begeisterten jungen Menschen lassen ihn jedoch äußerst positiv in die Zukunft des Lechs, seines treuen Freundes, schauen.

Neben dem naturschutzfachlichen Wert, den der Fluss mit seinen vielfältigen Lebensräumen mit sich bringt, ist der Lech jedoch vor allem ein Stück Heimat. Heimat, die Grenzen überwindet und die Menschen zusammenhält. Eberhard Pfeuffer verbindet durch seine herausragende Persönlichkeit stromabwärts die Leute genauso wie stromaufwärts, gleichgültig durch wie viele Staustufen sie mittlerweile voneinander getrennt sind.

Aufgeschrieben von Carolin Berndt, Nadin Edinger und Josefin Müller

Bild: Der Schwalbenschwanz ist einer der prächtigsten Schmetterlinge am Lech.
Bei Paarungsflügen präsentiert er sich an wärmebegünstigten Kuppen – sogenanntes „Hilltopping“ (Reutte).

Der Lechpfleger

Josef Hartl, Mühlhausen/Affing

Josef Hartl

Schäfer
Jahrgang 1954
geboren und aufgewachsen in Mühlhausen/Affing

Die Schäferei war früher am Lech ein immens wichtiger Wirtschaftssektor. Heute ist sie so gut wie ausgestorben. Josef Hartl ist in der Region einer der Letzten seines Standes und pflegt mit seinen Tieren die Flächen, die sich früher ein Dutzend Schäfer untereinander aufteilten.

Die Schafe ziehen von Weide zu Weide und leisten mit ihren „goldenen Hufen und giftigen Zähnen" eine der wertvollsten Naturschutz-Arbeiten in der Landschaftspflege am Lech – und produzieren ganz nebenbei das hervorragende „Lechtal Lamm". Doch so ganz einfach ist es nicht. Weiden-Hopping könnte man es auch bezeichnen, was Josef Hartl tagtäglich mit seinen Schafen betreibt. Denn die voranschreitende Flächenversiegelung, die einerseits die Weideflächen unter sich begräbt und andererseits die Wanderrouten abschneidet, macht den Schäfern und den Schafen das Auskommen immer schwerer.

Bild Doppelseite: Blüte der Kartäuser-Nelke im Naturschutzgebiet „Lechaue westlich Todtenweis"
oben: der Vater von Josef Hartl mit seiner Schafherde, um 1935
rechts: Josef Hartl lebt von der Landschaftspflege und dem „Lechtal Lamm", um 2012

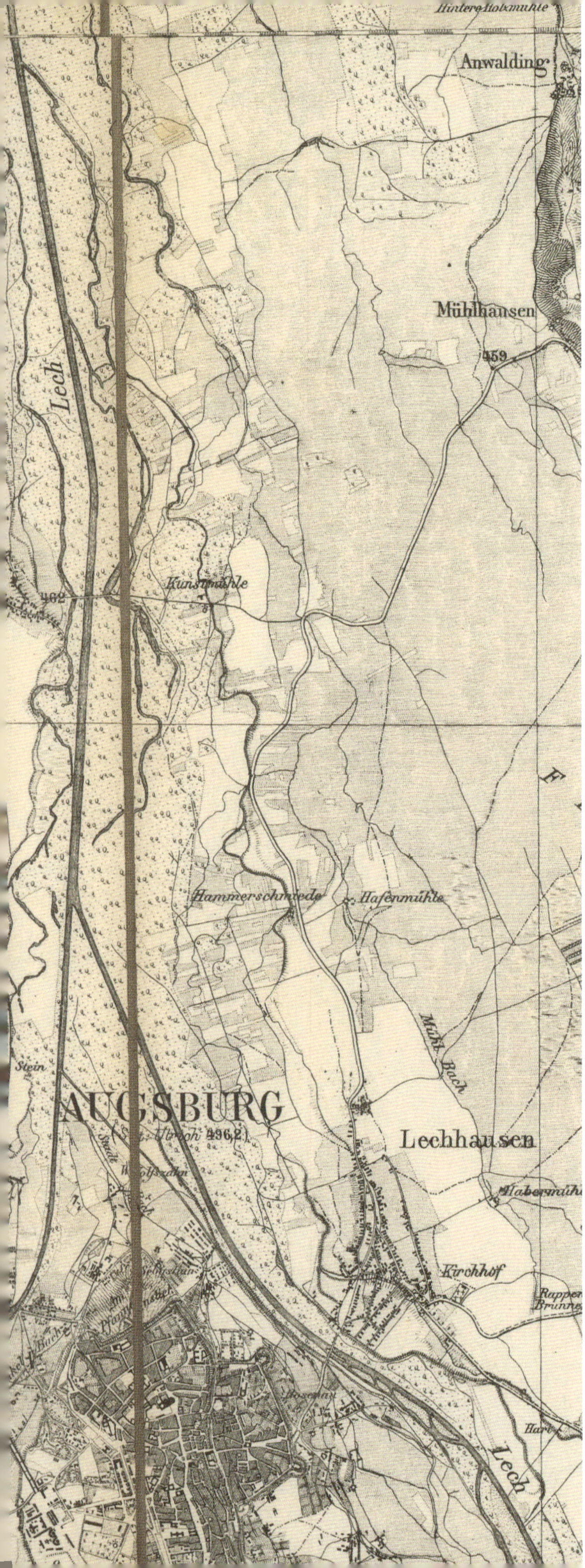
Anwalding
Mühlhausen
459
Lech
Kunstmühle
Hammerschmiede
Hafenmühle
Mühl Bach
AUGSBURG
Lechhausen
Kirchhof
Lech

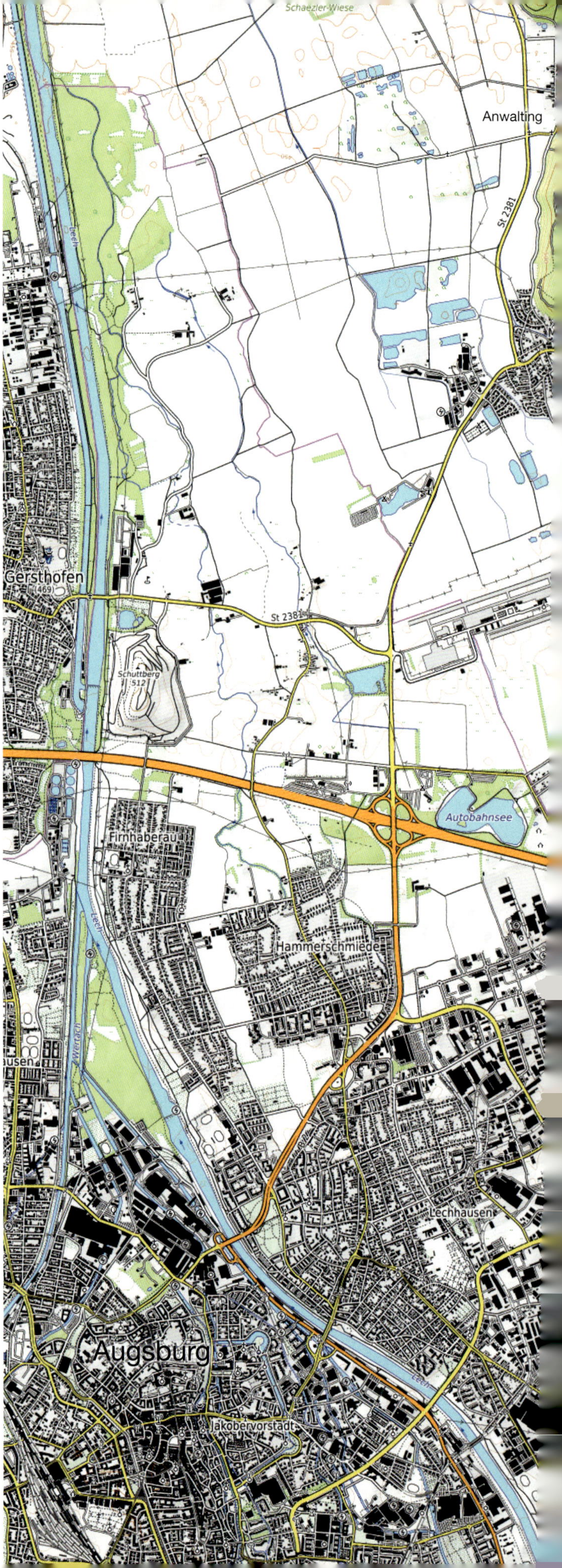
Schaezler-Wiese
Anwalting
St 2381
Gersthofen
469
St 2381
Schuttberg
512
Autobahnsee
Firnhaberau
Hammerschmiede
Lechhausen
Augsburg
Jakobervorstadt

Da, wo die Schafe sind, da sind die Blumen, da ist die Welt noch in Ordnung und da muss auch das Fleisch noch in Ordnung sein." Wie sich die Beweidung mit Schafen auf das Ökosystem entlang der Lechaue auswirkt, versteht der Schäfer Josef Hartl sehr genau. Auch seine Schafe profitieren von den vielfältigen Gräsern und Kräutern entlang des Lechs.

Josef Hartl ist Schäfer und einer der Letzten seines Standes entlang des Lechs. Er hat den Betrieb seines Vaters übernommen, der als Bauernsohn eine Schäferlehre machte. Gemeinsam mit seinem Sohn kümmert er sich um die Beweidung der Lechauen, die sich von Gersthofen bis Königsbrunn erstrecken. „Wir zwei machen heut' die ganze Lechpflege um Augsburg", erzählt Hartl. Doch das war nicht immer so. 1960 waren es noch 14 Schäfer, die dieses Gebiet mit ihren Tieren beweideten und unter sich aufteilten. Langsam, aber stetig nahm die Zahl der Schäfer ab. Das liegt einerseits an der Schwierigkeit, einen Nachfolger für den Betrieb zu finden, andererseits aber auch an der Änderung der wirtschaftlichen Verhältnisse. Konnte sich ein Schäfereibetrieb 1960 noch mit 200 Schafen seinen Lebensunterhalt sichern, bedarf es heute schon Herden mit mehr als 500 Tieren. Wer nicht wachsen wollte, musste das Handwerk aufgeben. Einige Kollegen probierten es stattdessen mit einem Pferdehof oder anderen Geschäftsmodellen.

Josef Hartl ist davon überzeugt, dass man auch ein guter Kaufmann sein muss, um zu überleben. Wiederholt stellte er sich die Fragen: Wie geht es weiter? Kann ich mithalten? Muss ich einlenken? Er ist mit der Zeit gegangen und hat heute mehr als doppelt so viele Schafe wie damals. Und Christian, sein Sohn, wird den Betrieb weiterführen. Ob das auch für den heute 10 Monate alten Enkel gilt, ist wohl noch nicht abzusehen.

Doch auch die Einnahmen, mit denen er sich seinen Lebensunterhalt sicherte, änderten sich. Sein Vater, der den Schäfereibetrieb 1952 aufbaute, verkaufte die Wolle an die zahlreichen Wollfabriken in Augsburg. Auch die großen Hammel verkauften sich zu dieser Zeit noch gut. Mit dem Einzug der Kunstfaser und der damit einhergehenden Schließung der Wollfabriken änderte sich dies jedoch. Josef Hartl verdient seinen Unterhalt heute hauptsächlich mit dem Verkauf von Lammfleisch. Die Wolle seiner Merino-Landschafe trägt nur unmaßgeblich zu seinem Einkommen bei.

Mittlerweile sind Gelder für die Landschaftspflege hinzugekommen. Damit ist die Beweidung der verbliebenen Lechheiden gemeint, die deren Blumenvielfalt erhält und verhindert, dass die Landschaft mit Sträuchern und Bäumen zuwächst. Doch diese Arbeit wird erst seit kurzer Zeit finanziell wertgeschätzt. „Vor 10 Jahren war's noch nicht so, dass wir Geld für die Pflege bekommen haben. Und wer weiß, was in den nächsten 10 Jahren kommt ...?" Für den Moment ist Josef Hartl froh über die Unterstützung durch den Landschaftspflegeverband: „Der steht zu 100 Prozent hinter uns." Und der Schäfer ist zutiefst davon überzeugt, dass sie mit ihrem Tun das Landschaftspflegegeld auch verdient haben: „Jeder Monteur schreibt eine Rechnung. Meine 500 Schafe könnten auch eine Rechnung stellen."

Auf Initiative des Lebensraum Lechtal e. V. und mit Unterstützung des Landschaftspflegeverbandes wurde vor einigen Jahren die Marke "Lechtal Lamm" eingeführt. Damit gibt Josef Hartl dem besonders zarten und würzigen Fleisch seiner Tiere einen Namen. Er will Menschen ansprechen, die Wert auf Qualität und Herkunft legen. So muss er das Fleisch nicht an eine Großmetzgerei liefern, die den Preis bestimmen würde. Geschlachtet werden die Lämmer heutzutage im Alter von 5 bis 6 Monaten, bevor sie anfangen zu „bockeln", also geschlechtsreif werden.

Sein Lammfleisch schmeckt so gut, weil seine Schafe die „Superkräuter" der Lechauen fressen. Die Blumen- und Kräutervielfalt ist in einem Umkreis von mehreren Dutzend Kilometern einzigartig. Außerdem sind die Weideflächen entlang des Lechs durch Wälder und Gebüsche

Kartenvergleich: Augsburg/Mühlhausen um 1900/2018

begrenzt. Sie verhindern, dass Pestizide der angrenzenden Äcker auf die Weideflächen gelangen. Ohnehin gibt es hier, wegen der Trinkwassergewinnung für Augsburg, weniger Ackerflächen. So ist die gesunde Ernährung der Schafe gesichert.

Das Besondere des Lechtal Lamms ist auch die Nähe zum Verbraucher, der mit dem Fahrrad oder zu Fuß entlang des Lechs die Schafe und Lämmer direkt beobachten kann. Hartl findet es wichtig, den Menschen so die Qualität dieses Fleisches und die Bedeutung seiner Arbeit zu vermitteln. Viele Leute wüssten dies nicht mehr wertzuschätzen, da sie in ihrem Alltag der Schäferei nicht mehr begegnen.

„Manch einer hat auch die Vorstellung, dass da, wo die Schafe herlaufen, kein Gras mehr wächst oder viel Staub aufgewirbelt wird ...“

Er arbeitet mit seinem Sohn und einem angestellten Schäfer von 10 Uhr vormittags bis 18 Uhr abends an 365 Tagen im Jahr. Einmal wurden er und seine Frau von Freunden zum Skifahren eingeladen. Nachdem sie schon die Skiausrüstung ausgeliehen hatten und beinahe startklar waren, haben sie kurzfristig abgesagt: „Was wird, wenn einer von uns sich den Fuß bricht? Wer soll die Tiere versorgen?“

Seine zusammenhängenden Weideflächen erstrecken sich beidseits des Lechs über etwa 12 Kilometer. Dabei überquert Josef Hartl den Lech einmal im Süden. Wurden beide Seiten einmal beweidet, geht es dieselbe Strecke auch wieder zurück. Das Kraftwerk „Hochablass“, das die Herde dabei wieder an den Startpunkt ihrer Reise zurückbringen würde, wird nicht betreten, da die Schafsköttel dort nicht allzu gern gesehen sind. Hartl weiß deshalb genau, wie wichtig es ist, die Schafe auf dem Hinweg nicht alles abgrasen zu lassen. Dann bleiben auch noch genügend Kräuter für den Rückweg stehen.

„Schafe haben goldene Hufe und giftige Zähne.“ Reißen die Schafe beim Fressen Pflanzen teilweise aus dem Boden, treten sie diese mit ihren Hufen wieder fest und hinterlassen schließlich noch ein wenig Dünger auf den Flächen. Der Schäfer muss eben darauf achten, dass die Schafe genug Fläche zum Fressen haben. Wenn sie zu klein ist, grasen sie alles ab. Im Sommer legt er tagtäglich mit seiner Herde eine Strecke von ca. 2 Kilometern zurück, sodass genug frisches Gras zur Verfügung steht und gleichzeitig fördert die Bewegung die Entwicklung des fettarmen muskulären Fleisches.

Die Schafe fressen dabei nicht einfach irgendwelche Kräuter, sondern wählen die Pflanzen gezielt aus. Die seltenen Arten verschonen sie. „Das, was die Schafe leisten, kann kein Bauer mit der Maschine machen. Das können nur die Schafe.“ Außerdem ist eine zusätzliche künstliche Düngung auf den Weiden auch kein Thema für Hartl. „Es ist ganz einfach. Wir düngen nichts. Wir lassen das Schaf machen.“

Früher gab es auch Schäfer in der Region, die noch größere Strecken als er zurücklegten. Sie zogen im Sommer den Lech entlang und sprachen sich mit den ansässigen Schäfern ab, sodass sie sich nicht ins Gehege kamen. Der Nachteil an dieser sogenannten Wanderschäferei war aber, dass die Schafe in harten Wintern erfroren. Deshalb besitzt Hartl einen Stall, der die Schafe vor zu kalten Temperaturen schützt.

Schafsköttel auf Fahrradwegen? Man könnte denken, dass sich so manch einer daran stört, aber bisher waren die Reaktionen von Radfahrern und Fußgängern auf die Schafe in der Lechaue eher positiv. Der Tourismus am Lech und die Schäferei kommen sich dabei per se

nicht in die Quere. Das mit Abstand größte Problem ist der dramatische Verlust wertvoller Weideflächen durch die ständig zunehmende Bebauung. Werbungen von Immobilienfirmen, wie „Wohnen am Sonnenlech", oder die Planung einer Brauerei, in den Lechauen eine Gaststätte zu errichten, torpedieren das Anliegen der Schäferei, die Weideflächen und somit die auf kleinen Teilflächen übrig gebliebene Lechlandschaft zu erhalten. Auf Radwegen lassen sich die Schafe noch gut treiben, aber an Hauptstraßen oder verbauten Wohnblocks wird das schwieriger. „Das Überqueren der Straßen wird von Jahr zu Jahr schlimmer, aber der Pelz wächst auch mit. Wenn du heute wartest, wird es dunkel", erzählt Hartl. Und außerdem sind Schafe nicht zum Spazierengehen entlang der Wege da, sondern brauchen Flächen, von denen sie fressen können.

„Manch einer hat auch die Vorstellung, dass da, wo die Schafe herlaufen, kein Gras mehr wächst oder viel Staub aufgewirbelt wird, wie es in alten Indianerfilmen beim Treiben von Büffelherden zu sehen ist." Das entspricht aber nicht der Wirklichkeit, denn an sich ist es einfach, den Schafen mithilfe der 2 Hütehunde den Weg zu weisen. Ein Pfiff, und die Herde weicht gekonnt dem Kinderspielplatz aus, an dem es sonst „ein Mordstheater" gäbe. Die Schafe sind dabei nicht nachtragend oder bösartig, sondern lassen sich gut von den Hunden und Schäfern leiten.

Unverständnis kommt allerdings auf, wenn ein Radfahrer mitten in die Herde hineinfährt, nicht am Wegrand stehen bleibt und abwartet, bis die Herde an ihm vorbeigezogen ist. Früher war das noch anders, als mehr Bewusstsein und Verständnis für die Schäferei herrschte und für eine Herde Platz gemacht wurde. Aber das mag auch daran liegen, dass die Leute dies nicht mehr kennen. Schließlich ziehen heute immer weniger Schäfer umher.

Bilder: Wo die Lechaue noch intakt ist, findet man auch seltene Orchideen. Sie wachsen nur auf kalkhaltigen Böden – am Lech z. B. im lichten Kiefernwald, in Magerwiesen oder Halbtrockenrasen. Links: Fliegen-Ragwurz; rechts: Hummel-Ragwurz (Königsbrunn).

Bedingt durch den Zuschnitt der Weideflächen ist es auch keine Seltenheit, die Herde der Hartls mitten in Augsburg anzutreffen. Kaum einer mag vermuten, dass es viel einfacher ist, Augsburg zu Fuß mit den Schafen zu durchwandern, anstatt sie auf einen großen Transporter zu pferchen, der das Verletzungsrisiko erhöht und die Tiere zusätzlich beunruhigt. Schafgerechter ist Hartls Variante allemal, denn „das Schaf will auf der Weide springen, will seinen eigenen Weg haben."

„Bulldog-Bauern, die Gülle und Mais hin- und herfahren, brauchen wir nicht."

Solange sich Hartl erinnern kann, sind die Weiden durch den Deich vor Hochwassern des Lechs geschützt. Aus Erzählungen weiß er aber, dass die Weideflächen bei Hochwasser überflutet wurden. Er ist heute froh, dass seine Schafe keine nassen Füße bekommen können und stellt sich vor, welche Gefahr ein nächtliches Hochwasser oder auch ein Gewitter für die Schafe birgt. Nachts ist er nicht bei ihnen, sondern zu Hause, denn „die Liebe zur Frau ist größer als

die Liebe zu den Schafen". Einmal gab es aber doch eine brenzlige Situation: Hartl erzählt, wie der Einsturz einer im Bau befindlichen Autobahnbrücke den Lech beinahe „verstopft" und einen Hochwasseralarm ausgelöst hatte. Er reagierte schnell und brachte seine Herde in Sicherheit. Am Ende blieb das gefürchtete Hochwasser aus.

Höhen und Tiefen gibt es auch im Leben eines Schäfers, doch für Hartl sind der Lech und seine Auen „Natur pur". „Bulldog-Bauern, die Gülle und Mais hin- und herfahren, brauchen wir nicht." Mit ihren Schafen tragen er und sein Sohn immens zur Erhaltung der Pflanzenvielfalt auf den Weiden der Lechaue bei und produzieren wertvolle Lebensmittel, die diesen Namen auch verdienen. Schade, dass selbst so ein wichtiges Handwerk dem Marktwillen unterliegt. Hoffentlich werden sie nicht die Letzten ihres Standes bleiben – die Blumenwelt um Augsburg blickt hoffnungsvoll auf den 10 Monate alten Enkel.

Aufgeschrieben von Henriette Brune und Joscha Kuhlmann

Bild: Der Gewöhnliche Natternkopf ist am gesamten Lech an fast allen trockenen, steinigen Flächen zu finden – zum Glück, denn durch seine lang andauernde Blütezeit von Mai bis Oktober ist er eine der wichtigen Nahrungspflanzen für Wildbienen und Schmetterlinge (Stadtwald Augsburg).

Im Kraftwerk – an der Hand des Vaters

Werner Doerfler, Gersthofen

Werner Doerfler

Volksschullehrer
Jahrgang 1945
geboren in Bad Wörishofen
aufgewachsen in der Lechwerkskolonie Gersthofen

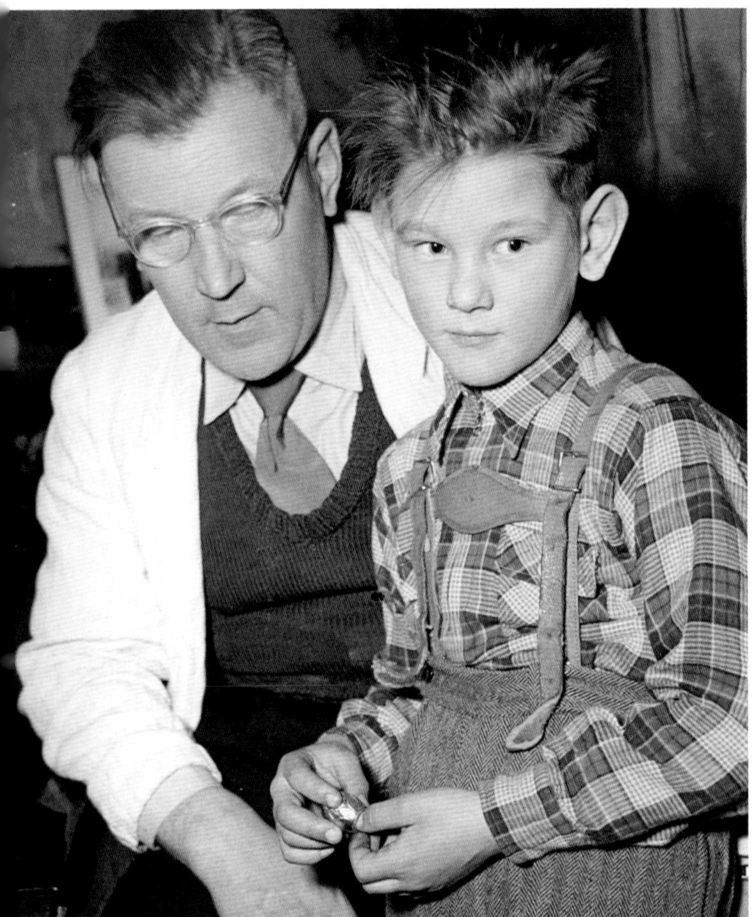

Wie schön und wild der Lech ist, hat Werner Doerfler erst im Sommer 2017 erfahren, als er sich das Tiroler Lechtal angesehen hat. Davor kannte er ihn aus eigenem Erleben nur bei sich zu Hause. Hier, wo der Lech zweigeteilt und das Kraftwerk in den Kanal gebaut wurde, erlebte er ihn hauptsächlich als Energielieferant und Arbeitgeber.

In seiner Kindheit streunte er gemeinsam mit seinem Vater – und des Öfteren auch ohne ihn – durch das Kraftwerk und beobachtete die Maschinen und die vielen Menschen, die damals noch in den Kraftwerken beschäftigt waren. Vor allem die Eindrücke aus den kalten Wintertagen sind prägend gewesen, denn schließlich hätte der Lech beinahe die Zehen des Brückenheiligen Nepomuk abgeschnitten!

Bild Doppelseite: der „alte Lech" bei Gersthofen – hinter der Böschung verläuft im Lechkanal die Hauptwassermenge
oben: Werner Doerfler als Kind mit seinem Vater
rechts: Werner Doerfler vor seinem Grundstück in Gersthofen-Edenbergen, 2018

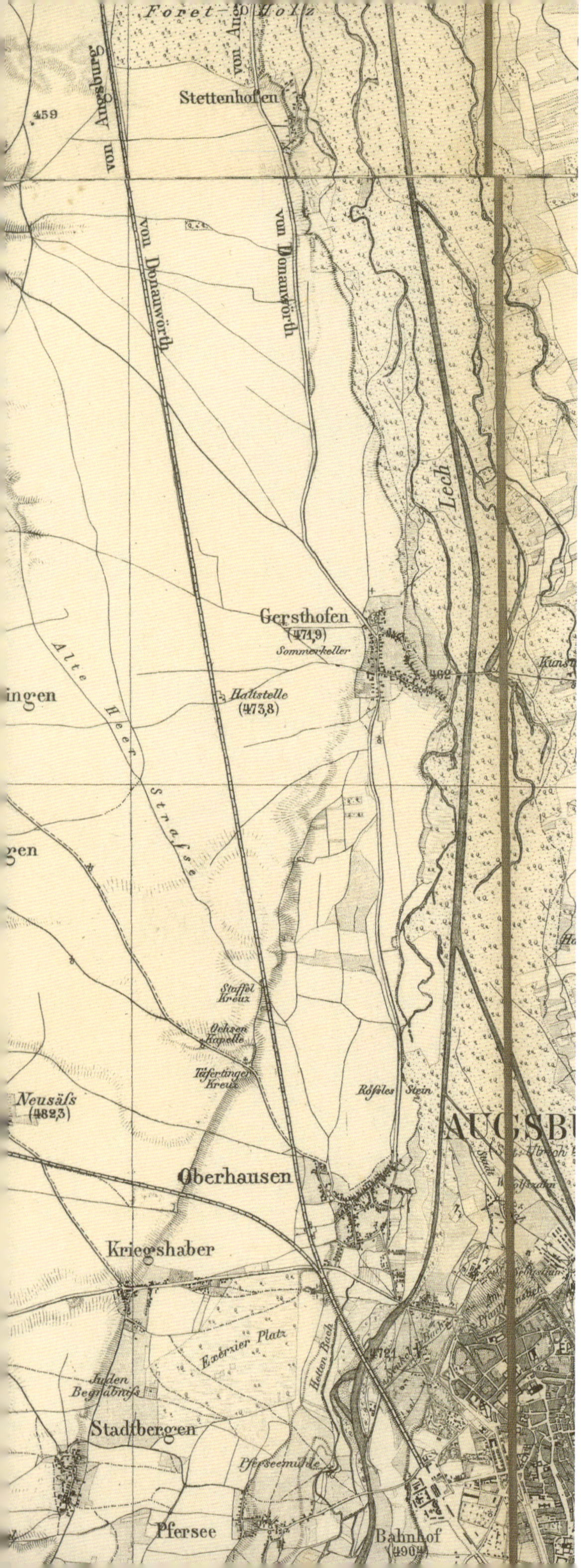
Foret Holz
Stettenhofen
459
von Augsburg
von Donauwörth
von Donauwörth
Lech
Gersthofen
(474,9)
Sommerkeller
Haltstelle
(473,8)
Alte Heer Strasse
Staffel Kreuz
Ochsen Kapelle
Neusäſs
(482,3)
Rößles Stein
Oberhausen
Kriegshaber
Exercier Platz
Stadtbergen
Pferseemühle
Pfersee
Bahnhof
(490)

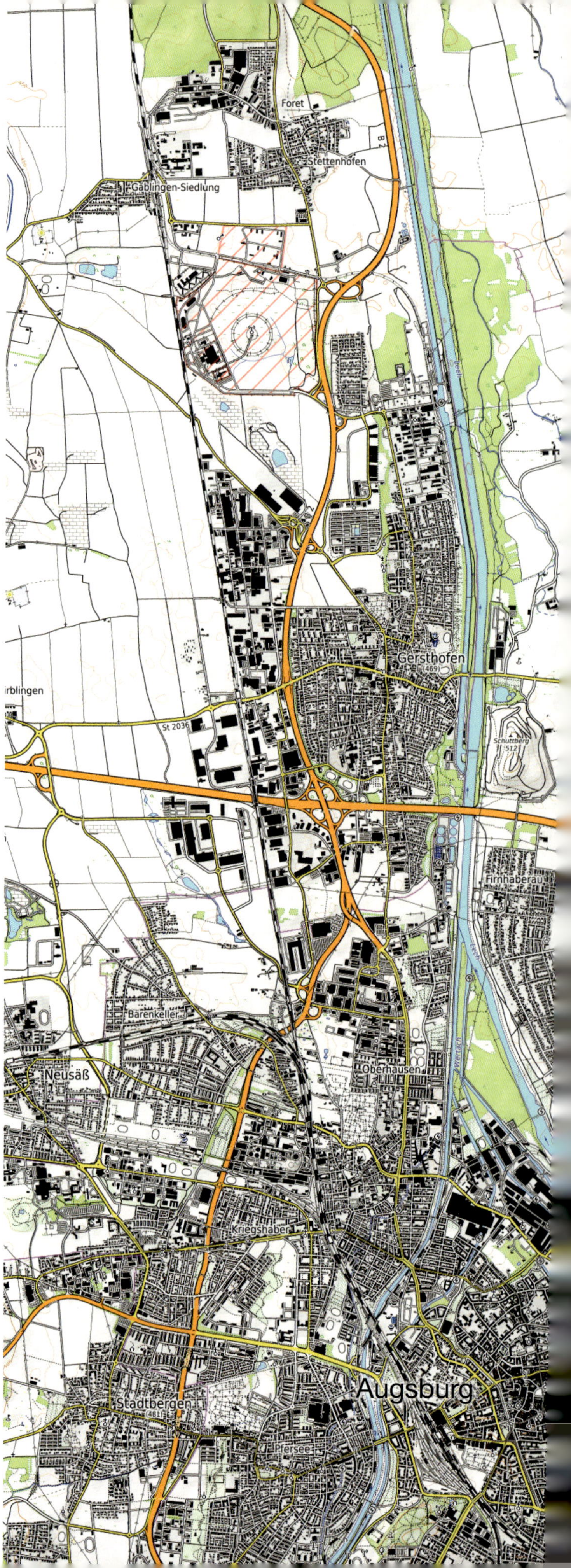
Foret
Stettenhofen
Gablingen-Siedlung
Gersthofen
Firnhaberau
Bärenkeller
Neusäß
Oberhausen
Kriegshaber
Stadtbergen
Augsburg
Pfersee

Zeit seines Lebens war Werner Doerfler vom Lech umgeben. Mit diesem beinahe unzähmbaren Fluss verbindet er unzählige Begebenheiten und Eindrücke, vor allem aus seiner Kindheit. „An der Hand meines Vaters bin ich in diesen Kraftwerken aufgewachsen." Der Vater arbeitete als Leiter der Abteilung Stromherstellung für die Lech-Elektrizitätswerke in Gersthofen. So hat Werner Doerfler in seiner Kindheit den Alltag am Kanal miterleben dürfen. Heute wäre es undenkbar, wenn zwischen den rauschenden Turbinen eines Wasserkraftwerks ein Kind herumlaufen würde, sich bei der Brotzeit mit den Arbeitern der Reparaturwerkstatt besprechen und von ihnen handwerkliches Geschick im Schweißen und Schmieden erlernen würde. „Ich war sehr verzogen von der Freiheit her", gibt der heute 73-Jährige lachend zu. Die Stelle des Vaters als Oberingenieur im Wasserkraftwerk war für die Familie ein Glücksfall. Unmittelbar in der Nachkriegszeit wechselte dieser von seiner vorherigen Anstellung in Berlin zu den Lechwerken, wo Elektroingenieure dringend gebraucht wurden. Zufällig hatte er genau das Kraftwerk in Gersthofen bereits 1924 als Werkstudent aus Darmstadt kennengelernt – und im jugendlichen Übermut eine Turbine vom Netz getrennt, was ihm einen „gscheiten Anschiss" des damaligen Chefs einbrachte, dessen Amt er dann 1945 übernahm.

Gersthofen war ursprünglich ein Bauerndorf und Augsburg für die damalige Zeit weit weg. Da aber alle Kraftwerks-Beschäftigten in ständiger Bereitschaft sein mussten, wurde in unmittelbarer Nachbarschaft die Lechwerk-Kolonie mit Werkswohnungen sowohl für Arbeiter als auch Ingenieure gebaut. Von den 5 Turbinen des Kraftwerks lief eine ausschließlich für den Eigenbedarf der Kolonie. Hier gab es für die Kinder eine kolonieeigene Volksschule, sodass sie kaum mit der Gersthofener Jugend in Berührung kamen. „So ein Kraftwerk konnte man damals nicht allein lassen", beteuert Werner Doerfler. „Heute sind die alle ferngesteuert. Damals war das lange nicht so." Sein Vater hatte, wie die anderen Ingenieure, auch samstags und sonntags zu tun. Durch dessen gehobene Stellung genoss die Familie nicht nur das Privileg einer elektrisch beheizten Dienstvilla mit zwei Schwimmbädern und einem Tennisplatz, sondern auch das eines Dienstwagens. Die Mutter nutzte den großzügigen Garten für den Gemüseanbau. „Das war für uns nach dem Krieg ein Paradies."

Das 1901 in Betrieb genommene Kraftwerk in Gersthofen war das erste am Lech. Zahlreiche weitere sollten folgen. Zur Zeit des Baus an der Wende vom 19. zum 20. Jahrhundert war es technisch noch nicht möglich, die Wasserkraft direkt im Flusslauf zu nutzen. Deshalb wurde ein Kanal angelegt, in den das Wasser des wilden Lechs abgeleitet wurde. „Im Kanal hatten sie beherrschbares Wasser", sagt Werner Doerfler und könnte dabei stundenlang von der alten Kraftwerkstechnik erzählen. Wie sein Vater, so scheint es, kennt er alle Vorgänge bis ins letzte Detail.

Damals waren viel mehr Arbeiter im Kraftwerk beschäftigt als heute, besonders zu den schwierigen Zeiten. Beispielsweise im Winter 1962/63, als die Temperaturen längere Zeit unter minus 30 Grad fielen. Mannshohe Eisschollen türmten sich im Lech auf. Im Kanal hätten diese Eisschollen verheerende Folgen für das Kraftwerk gehabt. Deshalb musste das Eis mit viel Aufwand vom Kanaleingang und den Turbinen ferngehalten werden. Im wilden Lech war das Eis jedoch ein Naturschauspiel, welches Vater und Sohn den Atem raubte. Die sich auftürmenden Eisschollen teilten die Holzbrücke in Thierhaupten wie mit einem Messer unmittelbar vor den Füßen des Brückenheiligen Nepomuk. „Der stand da, und haarscharf neben ihm war die Brücke weg", ereifert sich Werner Doerfler. „Das seh ich noch vor mir, das ist sagenhaft gewesen." Ein Bild, das Werner Doerfler bis heute nicht aus dem Kopf geht.

Arbeitsreich waren auch immer die Herbstmonate. In dieser Zeit des Jahres erreichte die abgeworfene Blätterpracht der Bäume das Kraftwerk. „Durch den Rechen wird der Dreck aufgehalten. Früher hat man das mit richtigen Rechen, also mit Handrechen, rausgezogen. Wenn Laub angeschwemmt wurde, dann waren 15 bis 20 Leute damit

Kartenvergleich: Augsburg/Gersthofen um 1900/2018

beschäftigt, das Material zu entnehmen." Die Handrechen hatten bald ausgedient und es wurde ein Metallgitter vor dem Eingang des Kraftwerks installiert. Dieser „Rechen" schützt die Turbinen vor dem Zusetzen. Sein Vater führte bald darauf eine automatische Anlage ein.

Bei seinen lebhaften und anschaulichen Erklärungen kann Werner Doerfler den Lehrer in sich nicht leugnen. „Ich wollte Volksschullehrer sein. Ich wollte nahe am Kind sein." Seine Berufung brachte Werner Doerfler und seine Frau, ebenfalls eine Lehrerin, für 3 Jahre bis nach São Paulo. Letztendlich zog es ihn aber zurück an den Lech und in seine Heimat. „Ich habe meine Heimat immer am Geruch erkannt, wenn ich mit meinem Vater zurückkam ... Ah, jetzt sind wir in der Nähe. Man hat es gerochen. Ich kenn' Gersthofen nicht anders als nach Chlor und irgendwas stinkend." Die Chemiefabrik von Gersthofen leitete damals noch chemische Abwässer in den Lech ein. Daher mussten auch die Fische, die der Vater hin und wieder vom Fischer geschenkt bekam, 2 bis 4 Wochen gewässert werden, bevor sie genießbar waren. „Das ist heute nicht mehr so." Das Lechwasser ist relativ sauber. „Aus dem Lech kann man jetzt nicht mehr viel fischen, aber die sind alle tadellos." Bei seinen eigenen Angelausflügen in Kindheitstagen kam – neben den Fischen – auch Munition zutage. Wann immer man am Lech war, fand man von der Handgranate bis zu Gewehr- oder Pistolenresten so einiges. Als kleiner Junge war es ihm deswegen strengstens verboten, ohne Aufsicht an den Lech zu gehen.

> **„Das ist ja heutzutage lächerlich, was diese Kraftwerke da bringen. Trotzdem, ein bissle Zubrot ist es."**

Anfang der 1950er-Jahre war der Lech noch wenig verbaut. Die reißenden Hochwasser kamen noch ungebremst aus den Alpen. Damals schwemmte der Lech große Mengen Kies an. „Gott sei Dank gibt es heute nicht mehr so viel Kies", stellt Werner Doerfler erleichtert fest. Das sei nicht gut für die Kraftwerksturbinen. Die Kies- und Schotterwerke der Fa. Brechtl übernahmen seinerzeit die Ausbaggerungen. Kies wurde u. a. als Baumaterial für den Wiederaufbau von Augsburg gebraucht. Ein Dampfbagger förderte das Material von der Flussmitte aus, es wurde mit zwei Dampflokomotiven ans Ufer und anschließend über eine Holzbrücke auf das Kieswerksgelände transportiert. Damals stieg bei einem spontan herannahenden Hochwasser der Wasserstand so schnell, dass der Lokführer nicht früh genug informiert werden konnte. Bei steigendem Pegel musste er seine Lok zurücklassen, um sicher trockenen Boden zu erreichen. In den folgenden Tagen beobachtete Werner Doerfler die Ereignisse gebannt: Am ersten Tag stand das Wasser bis zum Kessel, am zweiten Tag neigte sich die Lok, ehe sie schließlich am dritten Tag umfiel und vom Lech endgültig mitgerissen wurde. Seit 1954 bändigt der Forggensee die Fluten. Einmal sah sich Doerfler diesen Stausee mit seinem Vater genauer an, immer an dessen Hand. Bei der Vorstellung, dass das Schloss Neuschwanstein keineswegs mit dem Blick auf den Forggensee gebaut wurde, muss Werner Doerfler schmunzeln.

Gemeinsam mit seinem Vater erlebte er auch schockierende Begegnungen. Denn auf Menschen, die des Lebens müde waren, übte der Lech eine besondere Anziehungskraft aus. Bis heute gehen immer wieder Menschen „ins Wasser". „Für ein Kind ist das ein Schock, wenn da Leichen statt Laub am Rechen ankommen." Schnell wechselt Doerfler das unbeliebte Thema.

Zu Hause wurde immer über den Lech gesprochen. Der Vater war mit dem Kopf ständig am Kanal und in seinem Kraftwerk. Auch später als Volksschullehrer und heute in der Rente denkt Werner Doerfler oft an den Lech. Unter anderem erinnert er sich an den Bau der neuen Autobahnbrücke, als ein Bauteil beinahe in den Lech kippte und diesen aufzustauen drohte: „Das war nicht lustig."

Daheim in Gersthofen sinniert Doerfler über die Energieerzeugung der Lechwerke, die heute eher Stromhändler als Stromerzeuger seien. „Das ist ja heutzutage lächerlich, was diese Kraftwerke da bringen. Trotzdem, ein bissle Zubrot ist es." Das heutige Zubrot hat damals ganze Familien ernährt. Er schaut zurück und meint: „Wir haben ein wunderschönes Leben gehabt."

Heute verbringt Werner Doerfler seinen Ruhestand am Sonnenhang, umgeben von Familienfotos und Kater Max auf seinem Schoß. Immer wieder schweifen die Gedanken ab – zum Lech und zu seinem Leben. Außerdem plant er seine nächste Reise. Von der Welt hat er schon viel gesehen, doch er stellt fest, dass er vom Lech nur den Abschnitt von Augsburg abwärts bis zur Mündung wirklich gut kennt. Das obere Lechtal hat er erst im vergangenen Sommer das erste Mal besucht und war erstaunt: „Ich hab erstmals festgestellt, was das für eine wunderschöne Gegend ist, obwohl man das natürlich immer schon gehört hat."

Aufgeschrieben von Lola Scholz, Sarah Plotzky und Valeska Steinert

Bild: Gänsesägerweibchen mit Nachkommen – Gänsesäger bevorzugen naturnahe, schnell fließende Flüsse (Gersthofen)

Es kann in der Landwirtschaft nicht mehr so weitergehen
Alfons Lunzner, Lechsend/Marxheim

Alfons Lunzner

Wasserwerker, Landwirt, Feuerwehrmann, Imker
Jahrgang 1938
geboren und aufgewachsen in Lechsend

Den Lech kennt er in- und auswendig. Nicht wie andere, die in ihm schwimmen gelernt oder ihn sich landauf, landab erwandert haben. Alfons Lunzner kennt ihn von unten. Als einer der Zuständigen der Pumpversuche zur Trinkwassergewinnung für Nürnberg weiß er genau, wie der Untergrund des Lechs an der Donaumündung beschaffen ist. Und auch sonst scheinen seine Themen das Wasser und der Boden zu sein.

Nur bei einem Thema geht er in die Luft – den Bienen. Als Imker hat er gelernt, ganzheitlich zu denken und sieht eine klare Verbindung zwischen seinen Bienen und der umgebenden Landschaft. Darum echauffiert er sich auch darüber, dass die Politik eine Landwirtschaft fördert, die nur den kurzzeitigen Profit sieht und keinen grundsätzlichen Wandel – hin zu alten Tugenden – anstrebt.

Bild Doppelseite: Bärlauchblüte im „Wasserwald“ Genderkingen – hier wird das Trinkwasser für rund 1,2 Millionen Menschen gewonnen
oben: Alfons Lunzner mit seiner Mutter und Geschwistern, 1944
rechts: Alfons Lunzner und die Bienen – keine Liebe auf den ersten Blick, 2018

Schweinspo
Graisbach
Marxheim
Lechsgmünd
Leitheim
Schönenfelder Holz
Schönenfelder Hof
Nieder Schönen
Schöne
Feldheim
Lech Brücke
Hammermühle
RAIN
Lech Fluss
Brunnstube
Kittelmühle
nach Donauwörth
Unter
(412,0)
Reiching
Ober-
418
Lech
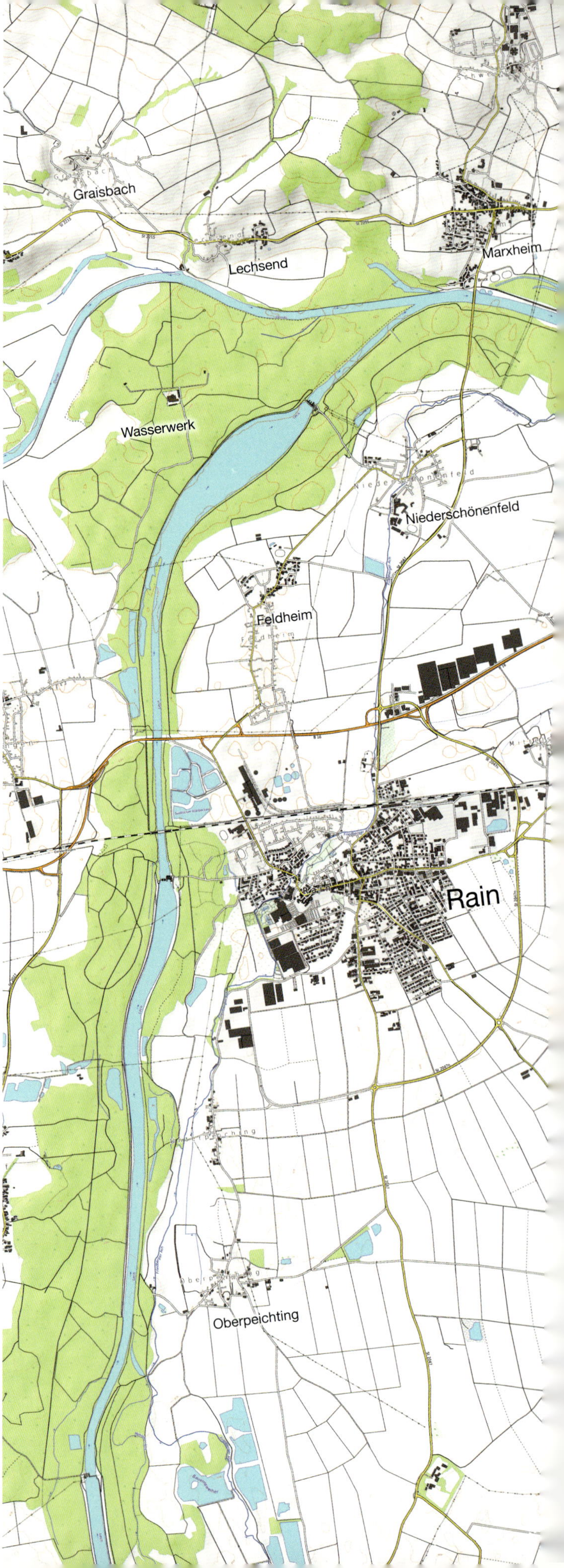
Graisbach
Lechsend
Marxheim
Wasserwerk
Niederschönenfeld
Feldheim
Rain
Oberpeichting

Das Gehöft am Fuße der St.-Vitus-Kirche in Lechsend, auf dem wir Alfons Lunzner besuchen, hat er zeitlebens nicht verlassen. Hier ist er geboren und mit seinen 4 Geschwistern aufgewachsen, 3 weitere sind bereits im Kindesalter verstorben. Das ehemals direkt gegenüber der Mündung des Lechs in die Donau gelegene Dorf liegt hoch über dem Tal – die beiden Flüsse sind vom Hof aus nicht zu sehen, aber sie sind präsent im Leben der Dorfbewohner. „Bei Hochwasser ist es so", erklärt Alfons Lunzner, „wenn der Lech zuerst kommt, drängt er die Donau zurück und es landet im Tal auf. Kommt die Donau zuerst, dann schwemmt es ab." Er erinnert sich noch an das extreme Hochwasser 1954, als es den Forggensee noch nicht gab, da habe es hier schlimm ausgesehen. Hochwasser gebe es zwar noch immer, aber sie erreichen bei Weitem nicht die damaligen Ausmaße und dauern nur 3 bis 4 Tage.

Im Zusammenhang mit der Donau-Lech-Regulierung am Ende des 19. Jahrhunderts wurde die Lechmündung ca. 2 Kilometer nach Osten verlegt – den Namen Lechsend (ursprünglich Lechsgemünd) hat der Ort dennoch behalten. Die für die Uferbefestigung von Donau und Lech benötigten Steine wurden aus dem Lechsender Steinbruch gewonnen, talwärts transportiert, auf „Pletten" verladen und beispielsweise lechaufwärts bis Lechhausen „getreidelt".

Der aufgelassene Steinbruch war der Abenteuerspielplatz seiner Kindheit, erzählt Alfons Lunzner. „Als Kind denkt man dabei nicht an mögliche Gefahren", sagt er. Weniger gefährlich, aber ebenso ausgelassen verliefen die Kindheitstage an und in der Donau. „Immer mal wieder hat man mit den bloßen Händen nach den glänzenden Fischen zwischen den Steinen entlang der Sand- und Kiesbänke gelangt." Seine Kindheitserinnerungen sind aber nicht nur vom Spielen geprägt, vielmehr auch von der Arbeit in der Landwirtschaft, denn zum Gehöft der Lunzners gehören 5 Hektar Land – verteilt auf 36 einzelne Parzellen, gelegen unten am Wasser, aber auch am Berg, von denen die größte 1 Hektar umfasste. Zu der am weitesten entfernten musste man anderthalb Kilometer laufen. Da der Vater – ursprünglich ein gelernter Elektriker – seit 1934 als Rechner die Raiffeisenkasse Graisbach-Lechsend leitete, oblag es der Mutter und den Kindern, Felder, Wiesen und den beim Haus gelegenen Garten zu bewirtschaften. Das hieß für die Kinder, schon morgens vor der Schule auf dem Hof zu helfen und nach der Schule die Kühe zu hüten. Milchkühe und Jungvieh – jeweils 4 Stück – sowie Hühner, Enten, Gänse, Kaninchen und Bienen belebten den Hof zusätzlich. Wie die meisten der Bauern besaßen auch die Lunzners keine Pferde, sondern spannten die Kühe ein, die dann natürlich deutlich weniger Milch gaben. Aber dank der eigenen Landwirtschaft litten die Lunzners in den Kriegs- und Nachkriegsjahren keine Not – im Gegensatz zu den Geschwistern des Vaters, die mit ihren Familien in Augsburg und Wiesbaden lebten. „Wenn ich eine Limo wollte, hat mich der Vater an den Brunnen gegenüber geschickt und in den Krug mit Wasser einige Löffel Honig eingerührt – das war meine Limo."

Erlaubt war das Schlachten von 2 Schweinen im Jahr, erzählt Alfons Lunzner, ein drittes wurde nachts geschlachtet, mit Unterstützung des Onkels, der Metzger war. Der Polizist aus dem Nachbardorf hat darüber hinweggesehen – auch er hat ja Lebensmittel gebraucht. Und wenn man eine Sau einem der größten Schwarzmarkthändler im Nachbardorf am Abend überließ, konnte man sicher sein, dass am nächsten Morgen die dringend benötigten Dachplatten auf dem Hof lagen.

Der fortschrittliche Vater, Alfons Lunzner sen., hat als gelernter Elektriker nicht nur 1921 den Strom ins Dorf gebracht, sondern auch für Arbeitserleichterung auf dem Hof gesorgt. Bereits frühzeitig kaufte er eine Mähmaschine, somit mussten nur noch die steilen Hanglagen von Hand gemäht werden. Im Stadel gab es einen Heuaufzug, sodass auch Alfons Lunzner jun. die anstrengende Arbeit der Heueinlagerung nur von den Nachbarn kannte.

Kartenvergleich: Lechsend um 1848–1900/2018

Dem Vater, der von 1948 bis 1963 Bürgermeister der Gemeinde war, verdanken die Lechsender nicht nur die Elektrifizierung, sondern auch den Anschluss an das Trinkwassernetz und den Bau der Donautalstraße. Wegen der zuvor mangelnden Straßenanbindung gründete Alfons Lunzner sen. gemeinsam mit den Bürgermeistern in Leitheim und Schäfstall 1950 einen Zweckverband zum Ausbau der bis dahin nur geschotterten Straße zwischen Donauwörth und Marxheim. Zur Gewinnung von Materialien für den Brückenbau wurde der Lechsender Steinbruch wieder aktiviert, ehe er 1953 endgültig stillgelegt wurde. Gebaut wurde die Straße dann abschnittsweise – je nachdem, wie viel Geld verfügbar war.

Den Wasserhahn drehten die Lechsender in der darauffolgenden Zeit beinahe andächtig auf.

Nach den extrem trockenen Sommern der Jahre 1947 und 1948, in denen das Brunnenwasser nur für die Versorgung der Bewohner reichte und für das Vieh Donauwasser mit dem Jauchewagen herbeigeholt wurde, verfolgte Alfons Lunzner sen. vehement die Idee zum Bau einer Trinkwasserleitung. Die beim Landesamt für Wasserversorgung dafür beantragten Gelder flossen jedoch erst, nachdem er mit zwei anderen Gemeindevertretern in der Vorweihnachtszeit Gänse geschlachtet, gerupft und küchenfertig vorbereitet in den Rucksack gepackt hatte, um mit dem Zug zum Landesamt nach München zu fahren. Der Bau selbst geschah fast ausschließlich in Eigenleistung der Bewohner, die die Gräben für die Leitungen schachteten – in den Zeiten zwischen Heu- und Getreideernte und im Spätherbst. Ein Spengler aus dem Nachbardorf verlegte die Rohre und für nötige Sprengungen im Fels konnte man auf den Sprengmeister aus dem Steinbruch zurückgreifen.

Als alles vollbracht war, gab es 1952 nach einem Kirchgang ein großes Wasserfest fürs ganze Dorf. Den Wasserhahn drehten die Lechsender in der darauffolgenden Zeit beinahe andächtig auf. Jede geleistete Arbeitsstunde wurde mit 60 Pfennig entgolten, und jeder Hof zahlte eine Grundgebühr von 250 DM sowie für jedes bewirtschaftete Tagwerk – das sind 0,3 Hektar – nochmals 10 DM.

Diesen Einzug der Moderne in Lechsend erlebte Alfons Lunzner jun. als Schuljunge. Von seinem Lehrer hat er auch das Schwimmen gelernt. Der ist mit den Kindern im Sommer nicht zum Turnen auf eine Wiese neben der Schule, sondern zum Schwimmen an die Donau gegangen. Die Wiesen am Fluss waren im Sommer ohnehin Tummelplatz für viele: Dort wurde Fußball gespielt, und zur Abkühlung ging man dann in die Donau zum Baden. Da die Bauernhäuser kein Bad hatten, endete ein sommerlicher Arbeitstag mit dem Gang zur Donau: das Handtuch über der Schulter und ein Stück Seife in der Hand, so nahm sie der Vater immer mit. Gefährlich sei die Donau nicht gewesen, man konnte 15 Meter weit ins flache Wasser laufen und 20 Meter weit ins Wasser schauen – so klar hat Alfons Lunzner jun. das Wasser in Erinnerung. Die Wasserqualität ließ dann aber Anfang der 1970er-Jahre deutlich nach, und so genoss Alfons Lunzner sein letztes Donaubad im Jahr 1972. Mitunter fiel der Wasserspiegel der Donau im Sommer so weit ab, dass man durch brusthohes Wasser zum gegenüberliegenden Ufer waten konnte. Wollte man bei normalen Wasserständen die Donau überqueren, rief man die Fährfrau – eine Großtante von Alfons Lunzner –, die in Ufernähe wohnte und die Menschen mit einer Zille übersetzte – und das bis ins Alter von fast 80 Jahren.

Die Donau hat Alfons Lunzner früher eher als Grenze wahrgenommen. Es gab nur spärliche Verbindungen und Kontakte zu Menschen am anderen Ufer im Bereich der Lechmündung, der überwiegend mit Auwald bedeckt war. Dieser Wald war im Besitz des Fürsten Fugger von Glött Kirchheim, für den der Großvater von Alfons Lunzner als Holzhauer arbeitete. Und auch für das Leben von Alfons

Lunzner sollte das Lechmündungsgebiet an Bedeutung gewinnen. Als der 16-Jährige 1954 die Schule verließ, fand er wie viele andere dieser geburtenstarken Jahrgänge keine Lehrstelle. Maurer hätte er werden können, aber das wollte er nicht. So fing er zunächst als Ungelernter in einem Baugeschäft an, erwarb 1960 den Führerschein und war dann als Kraftfahrer tätig. Dass er von morgens sechs bis abends acht unterwegs war, missfiel nicht zuletzt seiner Frau und so ergriff er die Gelegenheit, die sich 1969 bot. Um der Trinkwassernot im fränkischen Raum um Nürnberg zu begegnen, suchte der Freistaat Bayern nach zu erschließenden Trinkwasserreservoirs. Eine Option boten die nahezu 40 Meter mächtigen Schotter im Untergrund des Lechmündungsgebietes um Genderkingen. Für die von September 1969 bis März 1970 laufenden Pumpversuche brauchte die EWAG Personal. Das war die Chance für Alfons Lunzner und zugleich der Beginn einer mehr als 25-jährigen Tätigkeit für das dann am 1. Juli 1973 in Betrieb genommene Wasserwerk. Als Ungelernter wurde er zunächst für alle möglichen Arbeiten herangezogen. Während der Pumpversuche führte er Messungen an den Grundwasserbeobachtungsstandorten durch, später war er für die Unterhaltung der Anlagen im Außenbereich zuständig und unterstützte im Winter Revisions- und Reparaturarbeiten. Die von ihm geführte Gruppe von 7 Kollegen überwachte im Sommer das Wasserschutzgebiet, sammelte Messdaten und meldete diese an das Wasserwirtschaftsamt. An dieser vielfältigen Arbeit, die überwiegend draußen erfolgte, fand Alfons Lunzner großen Gefallen. Sie wurde zu seiner Profession.

Der ursprüngliche Flächeneigentümer – von den Anwohnern „der Fugger“ genannt – musste die Pumpversuche in seinem Wald zunächst dulden. 1977/78 arrangierte der Freistaat Bayern einen Flächentausch: Für die 560 Hektar im sogenannten Wasserwald erhielt „der Fugger“ 660 Hektar Wald außerhalb des Trinkwassergewinnungsgebietes. Die Menschen in und um Genderkingen standen dem

Bild: Alfons Lunzner (rechts) mit einem Kollegen am Schacht eines Wasserbehälters, 1974
Seine Tochter schrieb unter das Bild: „Dreh ma deane Franka s'Wassr a?!?“

Bau des Wasserwerkes zunächst sehr skeptisch gegenüber und befürchteten eine Austrocknung der Landschaft. Mit Plakaten an den Bäumen entlang der Wasserwerkstraße protestierten sie gegen den Bau. Doch die befürchteten Veränderungen blieben aus. Alfons Lunzner, der das Gebiet mit seinen Kollegen sehr intensiv beobachtete, konnte das nur bestätigen. Die in den Pumpversuchen ermittelten Fördermengen von 170.000 m^3 pro Tag wurden im späteren Betrieb nie erreicht. 10 Jahre lang wurden die bei der Erkundung gewonnenen Bohrkerne, die bis in eine Tiefe von 52 Meter reichten, aufbewahrt. Unter 39 Meter mächtigen wasserführenden Lechschottern beginnt der gewachsene Fels. Inzwischen haben alle die Trinkwassergewinnung an der Lechmündung akzeptiert. Das ist nicht zuletzt dem regionalen Engagement des Zweckverbandes WFW mit der EWAG als größtem Anteilseigner geschuldet, die sich 1996 beispielsweise mit 700.000 DM am Bau der Kanalisation in der Gemeinde Graisbach-Lechsend beteiligte. Auch die im Einzugsgebiet des Wasserwerkes wirtschaftenden Bauern haben sich an die jährlichen Kontrollen und Bodenbeprobungen gewöhnt. Die Einhaltung der Bewirtschaftungsauflagen wird mit bis zu 80 €/ha honoriert. Schutzzone 1, das Gebiet der eigentlichen Wasserfassungen, befindet sich ausschließlich im Wald. In Schutzzone 2 gibt es vereinzelt Landwirtschaftsflächen, die heute vom ehemaligen Verwalter beim „Fugger" mit 2 Beschäftigten bewirtschaftet werden. Schutzzone 3 reicht bis zum Jura-Hauptkamm nördlich von Lechsend. Auch die Landwirte hier halten die Nutzungsauflagen ein, die jedoch nicht mit einem Totalverbot von Pflanzenschutzmitteln und Mineraldünger verbunden sind.

Von den zahlreichen Bauern, die es während Alfons Lunzners Kindheit gab, ist heute ein einziger in Lechsend übrig geblieben. Kleinere Landwirte haben aufgegeben, selbst zu wirtschaften, und ihre Flächen verpachtet. Das gilt auch für Alfons Lunzner, der mit großem Bedauern feststellt, dass es heute kaum noch Beschäftigte in der Landwirtschaft gibt. Die wenigen verbliebenen wirtschaften dafür aber nahezu Tag und Nacht und bauen das an, womit sich das meiste Geld verdienen lässt – und das ist Mais, der in die zahlreichen neu entstandenen Biogasanlagen wandert. Diese „Vermaisung" der Landschaft geht einher mit einem Verlust des Grünlandes: Lag der Anteil früher bei etwa 40 Prozent, so ist er inzwischen auf 20 Prozent zurückgegangen. Aber es ist nicht allein der rückläufige Anteil des Grünlandes, sondern auch die Intensität der Bewirtschaftung: Alfons Lunzner erinnert sich an die zweimalige Mahd. Zuerst wurde Heu Mitte Juni geschnitten, das Grummet dann Anfang August und nach der Mahd wurden die Flächen mit Kühen beweidet. Die heute verbliebenen Grünlandflächen werden mindestens viermal gemäht und kaum ist der Schnitt abgefahren, kommt Gülle auf die Flächen. Dann liegt ein Geruch über der Landschaft, der die Anwohner oft belästigt.

Es ist nicht Sentimentalität, mit der Alfons Lunzner diese Veränderungen in der Landschaft beobachtet. Auch aus der Perspektive des erfahrenen Imkers verfolgt er dies mit Besorgnis.

Es ist nicht Sentimentalität, mit der Alfons Lunzner diese Veränderungen in der Landschaft beobachtet. Auch aus der Perspektive des erfahrenen Imkers verfolgt er dies mit Besorgnis. Die Imkerei, der er anfänglich eher abgeneigt war, betreibt er inzwischen mit großer Passion. Der Großvater begann 1896 mit der Imkerei, die der Vater fortführte. Nach dessen überraschendem Tod übernahm Alfons Lunzner seine 13 Völker und imkert in dritter Generation. Zu diesem Zeitpunkt gab es je 8 Imker in Graisbach und Lechsend, die in einem eigenen Verein organisiert waren. Das war einmal. Mit seinen inzwischen 20 Völkern war er lange Zeit der einzige Imker, erst seit 3 Jahren gibt es wieder einen zweiten im Dorf, der sich regelmäßig Rat bei ihm holt.

Flogen die Bienen früher von April bis September, endet das Bienenjahr heutzutage bereits Ende Juni. Dann muss er mit dem Zufüttern beginnen, sonst verhungern die Bienen. Da bringt der Anbau der schnell wachsenden Silphie statt Mais zwar eine kleine Verbesserung, da die Bienen das Angebot von Blütenstaub nutzen können, aber am eigentlichen Problem ändert das wenig. Dazu bedarf es eines grundsätzlichen Wandels. „Es kann in der Landwirtschaft nicht mehr so weitergehen. Es muss sich etwas ändern!" Er distanziert sich deutlich von der Agrarpolitik des Bayerischen Freistaates, der teilweise das Grünlandumbruchverbot ausgehebelt hat: „Ich bin ein ‚Schwarzer', bin aber mit dem, was die dort machen, nicht ganz einverstanden. Das macht man nicht." Der Einsatz von jährlich 114.000 Tonnen Spritzmittel in Deutschland ist für ihn unfassbar – noch dazu, wenn dies bis 14 Tage vor der Weizenernte passiert. Keiner könne ihm glaubhaft vermitteln, es blieben keine Rückstände im Korn, die sich nicht auch im Brot, das in den Geschäften landet, wiederfänden. Wirkliche Änderungen erwartet er aber erst dann, wenn auch die Qualität des Trinkwassers leidet. Erst dann, wenn man das Trinkwasser aufwendig aufbereiten müsse, würden die Menschen aufwachen. Aber dann ist es vielleicht schon zu spät.

Da setzt er doch lieber auf das Gemüse, das er im eigenen Garten anbaut. Gemeinsam mit seiner Frau versorgt er sich in dieser Hinsicht nahezu komplett selbst. In der Tat ist der Gemüsegarten der Lunzners an Größe und Vielfalt kaum zu überbieten. So findet auch Alfons Lunzner noch immer etwas Sinnvolles zu tun – auch wenn er sein langjähriges Engagement bei der Freiwilligen Feuerwehr inzwischen etwas reduziert hat. Im Gegensatz zu vielen anderen Vereinen im Dorf hat die Feuerwehr keine Nachwuchssorgen. Und zumindest das stimmt ihn zuversichtlich.

Aufgeschrieben von Uta Steinhardt und Sarah Plotzky

Bild: Lechsend – Sonnenaufgang an der Lechmündung

Heimat ist, was man daraus macht

Thesen für die Landschaft am Lech auf Grundlage der Zeitzeugengespräche

von Harald Jungbold, Uta Steinhardt, Sarah Plotzky

Der Landschaftswandel am Lech beschäftigt die Menschen ganz offensichtlich. Aber wer ist für die Landschaft verantwortlich und wer übernimmt Verantwortung? Aus den Gesprächen mit den Zeitzeugen ergibt sich ein vielfältiges und nicht immer widerspruchsfreies Bild. Aber Widersprüche sind nichts Negatives, wenn es gelingt, Menschen dazu ins Gespräch zu bringen. Voraussetzung für eine gelingende Auseinandersetzung über Landschaft ist eine Begegnung auf Augenhöhe.

Aus der Vielzahl der Perspektiven, die die Zeitzeugen einnehmen, lassen sich einerseits wiederkehrende Themenfelder identifizieren, andererseits werden auch gemeinsame Einsichten greifbar: Wem das Wasser bis zum Hals steht, der darf den Kopf nicht hängen lassen. Nachfolgende Thesen greifen diese Themenfelder und Einsichten auf.

1

Die individuelle Landschaftswahrnehmung entlang des Lechs variiert mit der räumlichen Lage an den Flussabschnitten und ist von der persönlichen Landschaftsaneignung abhängig.

Menschen am Tiroler Lech haben einen anderen Blick auf die Landschaft als Menschen um Füssen, Landsberg, Augsburg oder Lechsend. Ein (ehemaliger) Bürgermeister sieht die Landschaft mit anderen Augen als ein Künstler oder ein Naturschützer. Im oberen Lechtal sind es die qualitativen Veränderungen der Almflächen, die die Menschen wahrnehmen, am von der Aneinanderreihung von Staustufen geprägten mittleren Lech ist es die Verwandlung des Flusses in einen „Stand" (T. Knittel) und am unteren Lech eher der mit der Eintiefung des Flusses verbundene sinkende Grundwasserspiegel.

Unabhängig von diesen räumlichen Spezifika werden die Veränderungen des Landschaftsbildes im Lechtal in den zurückliegenden Jahrzehnten sowohl generationen- als auch akteursgruppenübergreifend wahrgenommen. Aussagen dazu sind oft mit dem Ausbau der Wasserkraft am Lech verknüpft. In der Landnutzung manifestiert sich somit auch immer ein politischer Wille, der ein immer bedeutenderer Treiber des Landschaftswandels wird. Landschaftliche Veränderungen werden einerseits als „normal" hingenommen, zum anderen schwingt Wehmut beim Erkennen der damit einhergehenden Verluste mit. Abhängig vom persönlichen Umfeld und den konkreten Berührungspunkten werden einzelnen Landschaftsräumen oder -elementen besondere Bedeutungen zugesprochen, wie dem Gelben Enzian, den Heideflächen oder den Kalktuff-Felsen.

2

Die spezifische Kombination aus Wildflusslandschaft und Kulturlandschaft ist der wertgeschätzte Idealzustand am Lech.

Bild: Alfons Lunzner in Lechsend mit Blick auf „seinen Auwald" und die Donau

Auch wenn sich die Zeitzeugen heute größtenteils mit dem neuen Landschaftsbild arrangieren, existiert die frühere Wildflusslandschaft in ihrer Ursprünglichkeit in den Köpfen der Zeitzeugen. So beschreiben sie den Fluss als kraftvoll, wild, reißend und abwechslungsreich, schildern Sinneseindrücke wie das Rauschen des Wassers oder dessen angenehme Kühle im Sommer. Bis in die Gegenwart leben die Mythen, Anekdoten und Geschichten vom „ungebändigten Lech". Im Laufe der Zeit hat sich das Bild vom schrecklichen zum schrecklich schönen Lech gewandelt und die Bewohner am Tiroler Lech sind zurecht stolz auf ihren Wildfluss, der den einen oder anderen an Kanada erinnert. Am Ende ist es aber nicht allein die Naturnähe, die die Menschen begeistert, sondern das räumlich enge Nebeneinander von Natur- und Kulturlandschaft.

Was für den alpinen Lech gilt, kann auch auf die weiter flussabwärts liegenden Landschaften vom Moränen-Lech über den Terrassen-Lech bis hin zum Alluvions-Lech nördlich von Landsberg übertragen werden, auch wenn die Erinnerungen der dortigen Zeitzeugen vielleicht weniger von der Dynamik des Flusses selbst dominiert werden. Vielmehr wird der Verlust der den Lech begleitenden Schneeheide-Kiefernwälder oder der inzwischen nahezu verschwundenen Wanderschäferei auf den ausgedehnten Grünland- und Heideflächen beklagt.

3

Im Hinblick auf die energetische Nutzung der Wasserkraft am Lech ist aus heutiger Perspektive das Verhältnis von Eingriff und Nutzen zu hinterfragen.

Stößt der mit dem Ausbau des Lechs unterhalb von Füssen verbundene Hochwasserschutz zumeist auf wohlwollende Zustimmung, so hält sich diese mit Bezug auf die Erzeugung von Strom aus Wasserkraft durchaus in Grenzen. Diese Form der Energieerzeugung wird überwiegend nur dann als nachhaltig eingestuft, wenn sie kleinstrukturiert, mit Augenmaß und regionaler Wertschöpfung passiert. Dann lassen sich Synergien zwischen Wasserrückhalt zum Zwecke des Hochwasserschutzes und der Energieerzeugung miteinander in Einklang bringen – auch wenn dies mit zum Teil gravierenden ökologischen Einschnitten verbunden ist. Die wasserbauliche Leistung der Ingenieure findet durchaus Anerkennung, das gilt auch für den mit der Flussregulierung verbundenen Gewinn an landwirt-

schaftlichen Nutzflächen. Die damit einhergehende Verbesserung der Versorgungslage mit Nahrungsmitteln war für den Raum und die damalige Zeit notwendig und mit einem gewaltigen Entwicklungsschub verbunden. Gleiches gilt auch für den Einzug von elektrischer Energie.

Doch die heutige Zeit steht unter anderen Vorzeichen: Angesichts des um ein Vielfaches gestiegenen Energieverbrauchs ist der Anteil der Lechwasserkraft an der in Bayern erzeugten Energie verschwindend gering. Kritische Stimmen zur mangelnden Berücksichtigung ökologischer Strukturen und Prozesse werden laut, die nicht nur aus den Reihen des Naturschutzes kommen. Vertreter des amtlichen und ehrenamtlichen Naturschutzes sind es aber in erster Linie, die den Betreibern der Wasserkraftanlagen ein hohes Maß an kapitalistischen Interessen unterstellen.

Auch wenn nicht in Abrede zu stellen ist, dass Wasserkraft als regenerativer Energieträger in einem bestimmten Maße notwendig ist, um die Abkehr von Kohle- und Atomenergie erfolgreich und vor allem zeitnah zu realisieren, führt die Bezeichnung Ökostrom in die Irre. Oder verdient eine Energieform, die wilde, dynamische und intakte Flusslandschaften zerstört, diese Bezeichnung? Und ja, es sind durch die Stauhaltungen auch neue Lebensräume geschaffen worden, wie Rast- bzw. Überwinterungsmöglichkeiten für Wasservögel. Dem steht jedoch der unwiederbringliche Totalverlust der Lebensräume vieler Wildflusslebensgemeinschaften gegenüber. Angesichts dieser Tatsache ist die Energie aus den Wasserkraftwerken am Lech weder nachhaltig noch ökologisch.

4

Eine zukunftsfähige Gestaltung von Landschaft setzt deren ganzheitliche Betrachtung voraus. Dabei werden gesellschaftlich relevante Anliegen nur dann Akzeptanz finden, wenn dazu ein öffentlicher Dialog stattfindet und eine ausgewogene Partizipation von Bürgern und Akteuren vor Ort u. a. auch dafür sorgt, dass Wertschöpfung dort bleibt, wo sie passiert.

Mehrere Zeitzeugen erzählen eindrücklich davon, wie sowohl von politischer als auch von kommerzieller Seite versucht wurde, Fakten zu schaffen, statt der Bevölkerung geplante Vorhaben zu erläutern. Günter Lochbihler hat am eigenen Leib erfahren, wie es ist, wenn die Politik ohne öffentlichen Dialog agiert und Betroffene vor vollendete Tatsachen stellt. Am Tiroler Lech wird sichtbar, was ein ergebnisoffener öffentlicher Diskurs bewirken kann: Die Mehrheit der Tiroler Lechtaler sprach sich gegen eine Wasserkraftnutzung am Lech und in seinen Nebentälern aus. Der kurzfristigen Gewinnmaximierung durch Fokussierung auf ausschließlich einen Nutzungsaspekt wurde eine Perspektive gegenübergestellt, die funktional-analytische ebenso wie emotional-ästhetische Aspekte integriert. Die Entscheidung fiel zugunsten der Bewahrung der Tiroler Lechlandschaft aus. Denkbar wäre aber auch, dass die Bevölkerung im Tal bei einer finanziellen Beteiligung, beispielsweise in Gestalt einer Bürger-Energiegenossenschaft, die Entscheidung für ein Kraftwerk mitträgt.

Bild: ausgedehnte Auwälder und Kiesbänke am Tiroler Lech bei Forchach

Ohne die offenen Augen und Ohren und die beherzte Initiative von Einzelpersonen wäre es erst gar nicht zu diesem öffentlichen Diskurs gekommen, und die ganzheitliche Betrachtung wäre – wie am Forggensee – einer von wenigen Themen dominierten Debatte gewichen. Andere Herangehensweisen, wie beispielsweise im Augsburger Raum bei „Licca liber", unterstreichen, dass öffentliche Diskurse sowie eine partizipative Planung und Gestaltung die Akzeptanz für Maßnahmen fördern bzw. auch die Beziehungen zwischen den jeweiligen Akteursgruppen verbessern.

5

Der Naturschutz lebt von seinen ehrenamtlich engagierten Akteuren.

In einer Zeit, in der sich viele Menschen nur noch mit sich selbst und ihrer Außenwirkung beschäftigen, ist das ehrenamtliche Engagement im Naturschutz beachtlich. Die großen Naturschutzverbände haben wesentlich mehr Mitglieder als alle politischen Parteien zusammen. Doch schaut man genauer hin, ist auch hier eine alternde Gesellschaft erkennbar. Wer die Zeit hat, sich wirklich aktiv ehrenamtlich für den Naturschutz einzusetzen, ist meist in Rente oder Pension. Die passive und die aktive Unterstützung von (zumeist gesamtgesellschaftlich relevanten) Naturschutzbelangen erfährt dennoch regen Zuspruch, auch wenn die im Naturschutz Engagierten auf wesentlich mehr frustrierende Erfahrungen als auf Erfolgserlebnisse zurückblicken. Ihr dennoch unermüdliches Engagement fußt vermutlich auf ihrer sehr innigen Beziehung zur Natur, die geprägt ist durch Respekt und Ehrfurcht. Trotz dieses außergewöhnlichen Engagements im Naturschutz und der Tatsache, dass der Naturschutz auf einer soliden gesetzlichen Grundlage fußt, ist es gesamtgesellschaftlich (noch) nicht gelungen, die Mehrheit der Bevölkerung von dessen Vorzügen und Notwendigkeit zu überzeugen.

6

Die Wertschätzung der eigenen Heimat ist die Voraussetzung, um Verantwortung für diese zu übernehmen. Dabei bildet die Sozialisation am Lech und im Lechtal die Basis für das Umweltbewusstsein vor Ort. Die individuelle Aneignung der Landschaft erfolgt durch deren konkrete Nutzung.

Doch was ist Wertschätzung und wie ist diese beim Menschen verankert? Die Frage, welche Menschen wir wertschätzen und was wir an diesen Menschen wertschätzen, führt uns zu dem Ergebnis, dass die dafür ausschlaggebenden Gründe entweder auf der Ebene der Fähigkeiten oder auf jener der Gefühle einzuordnen sind. Grundvoraussetzung für das Erkennen des Werts der Person auf einer der (oder auf) beiden Ebenen ist eben dies: Man muss die Person kennen! Man muss eine Beziehung zu dieser Person haben! Ebenso verhält es sich auch mit der Wertschätzung gegenüber Landschaften und damit gegenüber der eigenen Heimat.

Vielleicht ist auch das ein Grund dafür, dass Naturschützer hauptsächlich an Lebenserfahrung reiche Menschen sind. Sie haben ihr Leben lang einen Bezug zu ihrer Heimat entwickelt, haben diese ein Leben lang kennen- und schätzen gelernt. Und eben deswegen übernehmen sie dann auch Verantwortung. Sie werden „Naturschützer". Zu diesen „Naturschützern" gehören auch Bauern, die ihre Flächen noch heute so bewirtschaften, wie es ihre Vorfahren seit jeher getan haben, die also nicht – wie viele andere – auf den Zug der Intensivierung aufgesprungen sind. Mit ihrer Arbeit erhalten sie Lebensräume, auf die viele Tier- und Pflanzenarten angewiesen sind. Sie übernehmen tagtäglich, bewusst oder unbewusst, Verantwortung für die Landschaft – ihre Heimat.

In der Umkehr zur vorherigen Erläuterung der Wertschätzung entfaltet ein recht flapsiges, aber leider oftmals zutreffendes Sprichwort Wirkung: „Was d'r Bauer it kennt, des frisst er it." Das bedeutet im weiteren Sinne so viel wie: „Was man nicht kennt, das schätzt man nicht." Heißt das nun, wenn jemand seine Heimat nicht kennt, dann wird das auch nichts mehr mit der Wertschätzung? Hierzu ein eindeutiges Nein. Denn „kennen" wird oftmals mit „lernen" in Verbindung gebracht. Und dieses Kennenlernen ist ein Prozess, der unterschiedlich lange dauern kann. Aber er ist immer fokussiert auf das Kennen. Darum: Lasst uns die Landschaft kennenlernen und lasst sie zu unserer Heimat werden.

7

Früher wurde die Landschaft als schön und wertvoll empfunden. Heutzutage wird Landschaft als schön und wertbringend wahrgenommen.

Der Unterschied scheint verschwindend gering, ist aber gravierend: Früher wurde der Eigenwert der Natur anerkannt und infolgedessen der Landschaft ein eigener (ideeller) Wert beigemessen – so wie es seit 2002 im Bundesnaturschutzgesetz verankert ist. Doch dieser Blick auf die Landschaft hat sich zu einer Anschauung gewandelt, die nur noch den Fremdwert, also den Verkaufswert einer Landschaft sieht. Landschaft wird allzu häufig auf ihren monetären Wert reduziert, anstatt ihrer biologischen Vielfalt einen Eigenwert (jenseits der Geldbeutel ihrer Nutznießer) beizumessen. „Man ordnet vieles dem Geld unter, ohne dass das notwendig ist!" (P. Nasemann, 2018)

Das klingt zunächst nach einem Vorwurf, der in der Realität aber gravierende und für jeden ersichtliche Spuren in unserer Kulturlandschaft hinterlässt: Die den Lech begleitenden Landschaften werden heutzutage in vielen Bereichen touristisch genutzt und als „alte Kulturlandschaften" vermarktet. Das sind sie ja auch tatsächlich. Nur machen sich in den vergangenen Jahrzehnten besonders auch in diesen Landschaften die Folgen von übermäßigem Nährstoffeintrag, Bioziden, Bodenverdichtung, Intensivierung u. v. m. bemerkbar. Es wird zwar versucht, die Landschaft in ihrer „damaligen" Beschaffenheit „einzufrieren", damit ein touristischer Mehrwert entnommen werden kann. Doch nur, weil eine Landschaft so aussieht wie früher, heißt das noch lange nicht, dass sie deren Funktionalität erfüllen kann. In den Jahren der landwirtschaftlichen Intensivierung ist vor allem die ökologische Qualität dieser Landschaften Stück für Stück verloren gegangen. Weil heute eben nicht mehr „wie damals" gearbeitet wird – mit Sense, Rechen und Pferde-/Ochsenfuhrwerk. Heute kommen Traktoren mit Kreiselmähwerk und Bioziden, mineralischen Stickstoffdüngern und Gülle zum Einsatz – wo früher noch Mist gestreut und Heu auf Heinzen getrocknet wurde.

Es steht außer Frage, dass ein Zurück zur Landbewirtschaftung von 1850 in unserer heutigen Gesellschaft nicht tragfähig ist. Mit der derzeitigen, zumeist sehr intensiven und energieaufwendigen Bewirtschaftung wird die ökologische Qualität der Landschaft jedoch weiter schwinden – dessen sollten wir uns bewusst sein. Können wir auf die dadurch ausgelösten Folgeprozesse reagieren und wenn ja, in welcher Art und Weise? Die derzeit von und in der Landschaft (noch) vermeintlich gratis erbrachten ökologischen Leistungen, wie Wasserrückhalt, Trinkwasserneubildung oder Bestäubung, gehen nach und nach verloren. Diese müssten dann durch technische Lösungen oder menschliche Arbeitskraft ersetzt werden. Die Technik zu entwickeln, wird sicher möglich, aber mit enormen Kosten verbunden sein. Infrage zu stellen ist zudem, ob die Funktionalität der Technik an die der natürlichen oder naturnahen Lösungen heranreicht. Da beispielsweise entwässerte und verdichtete Böden deutlich weniger Regenwasser speichern können als intakte Böden, müssen Lösungen gefunden werden, um der zunehmenden Gefahr von Hochwasser und Überschwemmungen – insbesondere im Kontext des bereits stattfindenden

Klimawandels – zu begegnen. Ähnlich verhält es sich mit dem Insektensterben – ausgelöst durch Monokulturen und vielfach gemähte Wiesen, die kaum noch Nahrung für Insekten, wie Wildbienen, Honigbienen oder Schmetterlinge, bieten. Bereits Albert Einstein verwies auf die existenzielle Bedeutung der Bestäubungsleistung der Insekten: „Wenn die Biene einmal von der Erde verschwindet, hat der Mensch nur noch vier Jahre zu leben."

8

Die Zukunft des Lechtals liegt in der Hand jeder Generation.

Toni Knittel, Peter Nasemann und viele andere der ZeitzeugInnen haben bewiesen, dass jede und jeder in ihrem bzw. seinem Rahmen für die Landschaft Verantwortung übernehmen und diese aktiv gestalten kann. Ungelöste Probleme oder nicht konsequent durchdachte technische Lösungen – wie beispielsweise bei der Nutzung von Kernkraft – den nächsten Generationen zu übertragen, ist nicht nur zu einfach, sondern verantwortungslos.

Wie auch ein Bauer schauen muss, dass er seinen Hof und die dazugehörigen Flächen in gutem Zustand an seinen Nachfolger übergibt, so müssen die heute am Lech lebenden Menschen die Grundlage dafür legen, dass die nächste Generation die Lechlandschaften weiter bewirtschaften kann. Marode Kraftwerke, ein ökologisch degradierter Flusslauf und mit Wohn- oder Industriegebieten versiegelte ehemalige Auen sind nicht gerade der optimale Grundstein für unsere Nachfahren.

Es mag sein, dass nachfolgende Generationen neue Ideen und „Werkzeuge" zur künftigen Gestaltung der Lechlandschaft entwickeln. Es liegt aber in der Verantwortung der jetzigen Generation, Grundlagen dafür zu schaffen, dass unsere Nachfolger geeignete Möglichkeiten haben und nicht erst den Müllberg der Vorfahren entsorgen müssen.

Tatsache ist, dass für die gravierenden landschaftlichen Veränderungen am Lech in Vergangenheit und Gegenwart niemandem allein die Schuld zugesprochen werden kann – es waren die gesellschaftlichen Umstände und Defizite, die zu den damaligen Entscheidungen führten. Unsere heutige Gesellschaft ist eine stark ausgeprägte Demokratie, die nach Partizipation verlangt. Wir stehen aber auch inmitten großer Herausforderungen wie Artensterben und Klimawandel. Daraus erwächst der Appell an die Verantwortung jedes einzelnen Bewohners, jeder Bewohnerin und jedes einzelnen Akteurs aus Wirtschaft, Politik und Gesellschaft, für die zukunftsfähige Gestaltung der Landschaft einzutreten, was nur dann gelingen wird, wenn sich alle kontinuierlich und konstruktiv über den Raum, den sie bewohnen und nutzen, verständigen. Es gilt, angemessene Formate für kommunikativen Austausch und Vernetzung zu pflegen oder neu zu finden, in denen sachliche Argumente ebenso Beachtung finden wie emotionale Betroffenheit – immer mit dem Grundverständnis, unsere Lebensgrundlage nicht (noch weiter) zu gefährden.

Um das Lechtal als wertvolle Ressource zu erhalten, bedarf es kontinuierlicher kollektiver Aushandlungsprozesse, sodass die heute am Lech lebenden Menschen ihrer generationenübergreifenden Verantwortung gerecht werden können. Die Berichte der Zeitzeugen sind gedacht als Mahnung, Fehler der Vergangenheit nicht zu wiederholen, als Anregung, mit vergleichbarem Enthusiasmus die Interessen der heimatlichen Landschaft zu vertreten, und als Ansporn, die Zukunft des Lechtals neu und ganzheitlich zu beleben.

Die Buchmacher

Harald Jungbold, 1983 im Unterallgäu geboren, kam über die Landschaftspflege beim Bergwaldprojekt e. V. 2011 zum ersten Mal an den Schongauer Lech. Die folgenden Jahre blieb Harald Jungbold dem Lech als treuer „Schneeheide-Kiefernwald-Entbuscher" erhalten. Seit 2014 arbeitet der Landschaftsökologe als Projektmanager beim Lebensraum Lechtal e. V. an der Umsetzung von Maßnahmen im Hotspotprojekt „Alpenflusslandschaften – Vielfalt leben von Ammersee bis Zugspitze".

In seinem Studium an der Hochschule für nachhaltige Entwicklung Eberswalde lernte Harald Jungbold die Landschaftskommunikation schätzen und nutzte sie – gemeinsam mit den alten, aber sehr gut erhaltenen Beziehungen nach Eberswalde – als methodische Grundlage für das vorliegende Zeitzeugenbuch.

Neben Textbeiträgen bestand seine Hauptaufgabe an diesem Buchprojekt in der Planung der einzelnen Arbeitsschritte, der Zeitzeugensuche und -auswahl, der Koordinierung der Zeitzeugengespräche und in allem, was sich während des Projektes „drumrum" entwickelt hat.

Detlef Fiebrandt, 1955 in Gilching geboren, hat beim Süddeutschen Verlag in München den Beruf des Reproduktionsfotografen für Tiefdruck erlernt. Diese Grundlage führte ihn zu unterschiedlichen Verlagen mit Tätigkeiten in der Druckvorstufe und 1998 in die Selbstständigkeit als Colormanagement-Consultant.

Neben seiner technisch orientierten Arbeit in der Druckvorstufe hat er bereits als Jugendlicher Landschaften fotografiert und seine Arbeiten im Nebenerwerb für die Produktion von Büchern, Kalendern und Zeitschriften publiziert. Seit 1994 wohnt er in Finning und seit 2010 widmet er sich intensiv dem Lech, seinen Landschaften, seiner Tier- und Pflanzenwelt und publiziert die Fotografien in Form von Kalendern, Gruß- und Postkarten im Verlag seiner Frau, Ruth Fiebrandt. 2018 erschien sein erster Wanderführer „Wandern am Lech".

Für dieses Buch stellte er die Aufnahmen aus seinem Lech-Bildarchiv zur Verfügung, erstellte aktuelle Porträtaufnahmen der Zeitzeugen und betreute die Bildredaktion und die technische Produktion.

Das Interview-Team

Warum interviewen junge Menschen aus ganz Deutschland Zeitzeugen entlang des Lechs? Weil sie in Eberswalde „Landschaftsnutzung und Naturschutz“ studieren. Innerhalb des Studien-Moduls „Winterschule Landschaftskommunikation“ hatte sich im Februar 2018 eine Gruppe der Hochschule für nachhaltige Entwicklung Eberswalde rund 750 km weiter südwestlich am Lech eingefunden, um Gespräche mit Menschen aus der alten Lechlandschaft zu führen.

In einem Landschaftsausschnitt, der rund 250 km lang ist und über eine Staatsgrenze mit einer der schärfsten Dialektgrenzen führt, war dies kein leichtes Unterfangen. Doch allen sprachlichen Hürden zum Trotz haben sie mit viel persönlichem Engagement ihren InterviewpartnerInnen erstaunliche Erinnerungen und Gefühle entlockt und diese für das vorliegende Buch aufgearbeitet.

Die InterviewerInnen und TexterInnen

Carolin Berndt
Henriette Brune
Nadin Edinger
Lisa Herzog
Joscha Kuhlmann
Lisa Maier
Josefin Müller
Sarah Plotzky
Dorit Protze
Lola Scholz
Valeska Steinert
Uta Steinhardt

Glossar (Abkürzungen, Dialekt- und Fachbegriffe)

ALL
Arbeitskreis Lebensraum Lechtal, als Zusammenschluss von Einzelpersonen und Vereinen, Verbänden etc. entstanden, um die Lechlandschaft vor den negativen Einflüssen der Wasserkraftnutzung zu sichern

Almrausch
Arten der Gattung Rhododendron; im Lecheinzugsgebiet meist Bewimperte Alpenrose (*Rhododendron hirsutum*), seltener Rostblättrige Alpenrose (*Rhododendron ferrugineum*)

Altarm/Altwasser
Flussteil, der vom Hauptstrom abgeschnitten wurde, meist bei Hochwasser beeinflusst

Ansitzsteine/Ansitzwarte
Steine, Äste o. Ä., die einen Überblick über Beutestellen ermöglichen

Arche
lokaler Begriff für Buhne

Bad Bank
Unternehmen, dessen Aufgabe es ist, negative Unternehmensteile/Investitionen des zu erhaltenden Unternehmens auszulagern und abzuwickeln

Bassin
Wasserbecken, das künstlich angelegt wurde

BAWAG
BAWAG: Bayerische Wasserkraftwerke AG, ging 1997 in der E.ON AG auf

Bergmähder
Wiesenflächen an sehr steilen Hängen im (Hoch-)Gebirge

Bluatschink (Fabelwesen)
lebt im Lech und beißt Menschen in den Oberschenkel oder verschlingt Personen gänzlich, wenn diese sich zu nahe an das Ufer begeben; das Wesen wurde erfunden, um Kindern Respekt bzw. Angst vor dem Lech einzuflößen

Bluatschink (Name einer Musikband)
Toni Knittel hat sein Musikprojekt nach dem Fabelwesen benannt

bockeln
Schafsfleisch (und -milchprodukte), das den typischen Schafsgeschmack/-geruch hat; es entsteht, wenn die Schlachtung nach der Geschlechtsreife der Tiere erfolgt

BOKU Wien
Universität für Bodenkultur Wien

Brandle
Rinderweide, die von der Schafsweide abgetrennt ist

Brutknospe
Möglichkeit von einigen Pflanzen zur vegetativen (also ungeschlechtlichen) Vermehrung

Buhne
Steinwall, quer zum Lech gebaut, zur Einengung des Flussbettes

Burde
großes Heubündel, das so geschnürt wurde, dass es auf den Schultern getragen werden konnte

DAV
Deutscher Alpenverein e. V.

Effizienz
Nutzen-Aufwand-Verhältnis, es beschreibt z. B., wie viel Energie aus einem Vorgang verwertet werden kann (vgl. Suffizienz)

E.ON
Energiekonzern und früher Betreiber einiger Wasserkraftwerke am Lech

Erntefaktor
hier zur Beschreibung der Effizienz von Kraftwerken

EWAG
Energie und Wasserversorgung AG, wurde mit anderen Produzenten zu N-ERGIE zusammengefasst

Fischaufstiegshilfe
bauliche Einrichtung, um Fischen die Möglichkeit zu geben, ein Stauwerk vor allem in der flussaufwärts gerichteten Wanderung zu umschwimmen (vgl. Umgehungsgerinne)

Gaulagerwiese
ehemaliger Zeltplatz der Pfadfinder bei Schongau

Gleithang
Innenkurve eines Flusslaufs, hier wird Material (Kies, Sand Holz etc.) vom Fluss abgelagert

Grauvieh
alte, autochthone Rinderrasse, je nach Region mit unterschiedlichen Ausprägungen

Grummet
zweiter Wiesenschnitt (Hochsommer), wird getrocknet

Gumpe
beckenartige Vertiefung im Bachlauf, z. B. durch Strudel entstanden

Heinzen/Huinzen
Gestelle zum Vortrocknen von Gras, bei guter Witterung wird das Gras von den Heinzen genommen und als Heu fertig getrocknet

Heuaufzug
Aufzug zur Heueinlagerung im Heuboden (meist der Dachboden des Stalls)

Heumahd
erster Wiesenschnitt (Frühsommer), wird getrocknet

Heuzug
Heu wird im Herbst (nach dem ersten Schnee) von den Bergen ins Tal gebracht

Holztrift
Baumstämme werden auf einem Bach/Fluss zum nächsten Bestimmungsort transportiert

Illasschlucht/Illasbergschlucht
ehemaliges „Juwel“ der biologischen Vielfalt bei Roßhaupten, es ist mit dem Aufstau des Forggensees untergegangen

Kajak
mit Doppelpaddel betriebenes Boot, Insassen sitzen wie beim Kanu in Fahrtrichtung

Kanu
mit Stechpaddel betriebenes Boot

Kar
kesselförmige Talform, die von Gletschern ausgeschürft wurde

Karst
Oberflächenform, die durch wasserlösliche Gesteine (z. B. Carbonatgesteine) geprägt ist

Land Art
Kunstwerke in der Natur

Landser
einfacher Heeressoldat

Latsche (Kiefer)
Latschenkiefer, wächst strauchartig bis ca. 3 m hoch im subalpinen Bereich

Lechrainisch
Dialekt, der entlang des Lechs gesprochen wird, unterscheidet sich in seiner typischen Ausprägung von den umliegenden Dialekten

Lendhaus
Gebäude, an dem das Holz mittels Holztrift angelandet und gelagert wurde

Lockstrom
Wasserströmung, die am Einstieg in ein Umgehungsgerinne/eine Fischaufstiegshilfe erzeugt wird, um die Fische entsprechend zu leiten

Merino-Landschaf
verbreitete Schafrasse, die zur Fleisch- und Wollproduktion genutzt wird

Mure
Schlamm- und Geröllawine

Pletten
floßartige Kähne mit wenig Tiefgang u. a. für schwere Lasten

Prallhang
Außenkurve eines Flusslaufs, hier wird Bodenmaterial vom Fluss erodiert

Rafting
„Wassersportart", bei der mit einem Schlauchboot ein Fluss (Wildwasser) befahren wird

Ramsar-Gebiet
Feuchtgebiet von internationaler Bedeutung für den Erhalt von Lebensräumen für Wasser- und Watvögel

Renaturierung
Wiederherstellung/Wiedergutmachung von kultivierter Landschaft

Schwabenkinder
Kinder aus Vorarlberg, Tirol und anderen Gebieten, die auf sog. „Kindermärkten" in Oberschwaben für die Sommerarbeit auf Bauernhöfe geschickt/vermittelt wurden

Schwallbetrieb
Betriebsart zur Steigerung der Effizienz/Wirtschaftlichkeit von Wasserkraftwerken

Schlacke
Material, das bei der Erzverhüttung entsteht

Schneeheide-Kiefernwald
lichte Kiefernwälder, eine der artenreichsten Waldgesellschaften Mitteleuropas

Schumpen
weibliche Rinder, die noch keine Milch geben, da sie noch kein Kalb zur Welt gebracht haben

Silphie, Durchwachsene
Korbblütler (ähnlich der Sonnenblume), der für die Biomasseproduktion verwendet wird, Ersatz für Mais

Sinter
Ablagerung von Mineralien (v. a. Kalk) durch Ausfällung aus Wasser, entsteht oftmals beim Austritt von Wasser an die Erdoberfläche

Subsistenz
Produktion der zur Selbstversorgung benötigten Güter

Suffizienz
stellt die Frage nach dem richtigen Maß bzw. nach dem „was ist genügend"

Tagliamento
letzter alpiner Wildfluss Mitteleuropas (in Nord-Ost-Italien)

treideln
ein Pferdegespann (am Ufer) zieht ein Wasserfahrzeug flussaufwärts

Tosbecken
wasserbauliches Element an Stauanlagen, um die Kraft des Wassers abzuschwächen

Tuffstein
Kalktuff (Tuff), lockerer, z. T. unverfestigter Kalkstein

Umgehungsgerinne
bauliche Einrichtung, um Fischen die Möglichkeit zu geben, ein Stauwerk zu umschwimmen (vgl. Fischaufstiegshilfe)

Uniper
2016 entstandene AG, die durch Abspaltung der Energieerzeugungssparten Wasser, Kohle und Gas der E.ON SE entstanden ist

Via Claudia Augusta
antike Römerstraße, wichtige Verbindung zwischen Norditalien und Süddeutschland (Füssen, Augsburg etc.)

Villa rustica (Peiting)
Gutshof aus der Römerzeit

vorheinzen
Gras auf die unterste Ebene der Heinzen legen

Vorsäß, Mittelsäß, Hochsäß
Benennung von Weideflächen der Alpbewirtschaftung im Jahresablauf, die Beweidung hatte folgende Abfolge: Tal (Frühjahr) → Vorsäß → Mittelsäß → Hochsäß → Mittelsäß → Vorsäß → Tal (Herbst)

Wäsen
Torfstücke in Brikettform, die zum Heizen verwendet wurden

Zille
flachbodiges Boot/Wasserfahrzeug

Bildnachweis

Landkarten von 2018: © OpenStreetMap-Mitwirkende,
SRTM-Kartendarstellung: © OpenTopoMap (CC-BY-SA)
Historische Landkarten: arcanum, Budapest – Openlayers (FreeBSD)

Bilder aus den Familienarchiven und privaten Fotoalben, deren Bildautoren unbekannt sind – ansonsten ist der Fotograf nach „Foto" benannt:

Familie Walch – Seite 22, 28
Toni Knittel – Seite 32
Notburga Wolf – Seite 42
Helmut Friedle – Seite 52
Familie Wehrmeister – Seite 62, 67
Familie Feineler-Salvenmoser – Seite 70
Bruno Gräßle – Seite 75 (2)
Peter Nasemann – Seite 80
Günter Lochbihler – Seite 90, 94 (2), 96
Hans Schütz – Seite 100
Foto: Franz Weiss, Lechbruck – Seite 111
Neues Stadtmuseum Landsberg am Lech – Seite 112
Familie Schleich – Seite 122
Foto: Liselotte Schmitt, Schongau – Seite 130
Foto: Karl Schauer, Schongau – Seite 135
Anton Lichtenstern – Seite 159
Franz Xaver Rößle – Seite 160
Familie von Schnurbein – Seite 171, 172,
Eberhard Pfeuffer – Seite 180
Josef Hartl – Seite 188, 189
Foto: Gabriele Schweiger, geb. Dörfler, Gersthofen – Seite 198
Alfons Lunzner – Seite 206, 211

Fiebrandt Detlef: Buchumschlag (1); Bilder der Doppelseiten (20);
Zeitzeugen-Porträts: alle außer Seite 189 (22);
sonstige: alle außer Seite 117 rechts, Seite 220 rechts und links (48);
Fiebrandt Martin, Stein a. d. Traun: Seite 220 rechts
Jungbold Harald, Sontheim – Seite 117 rechts
Taatz Siegfried, Kaufering/Fiebrandt Detlef – Seite 156/157
Wegner Anna, Lauben – Seite 220 links

Danksagung

Wir danken den ZeitzeugInnen und ihren Angehörigen für ihre Mitwirkung an den Interviews und den Fotoarbeiten sowie allen, die historisches Bildmaterial eingebracht haben.

Besonderer Dank gilt den Studierenden der Hochschule für nachhaltige Entwicklung Eberswalde und Prof. Dr. Uta Steinhardt für die intensive Arbeitswoche am Lech. Ohne die geballte Kraft und Ausdauer der Eberswalder wäre die Buchidee kaum zu verwirklichen gewesen.

Ein herzliches Dankeschön an Stephan Jüstl, der die Grundidee für dieses Buch hatte, der mit Rat, Tat und Kritik das Projekt begleitete und mit seiner Einführung den Zeitzeugentexten eine passende räumliche Einordnung gibt.

Des Weiteren danken wir allen, die in der Vorarbeit und im Hintergrund eingebunden waren: Birgitt Kopp, Ruth Fiebrandt, Sabine Bartsch, Miriam Röttgers, Bernhard Schulz vom BR, Lena Fassnacht, Sandra Jungbold, Leonie Kopp, Johannes Karrer, Anette Kestler, Helmut Linder, Horst Gerhardt, Gudrun Altmannshofer, Kristl Moosbrugger; den Verantwortlichen des Kraftwerks Kinsau, der facebook-Gruppe „anno dazumal im Lechtal" und allen, die bei der Kontaktvermittlung und Informationsbeschaffung mitgewirkt haben. Außerdem gilt unser Dank allen Menschen, die sich damals, heute und in Zukunft für einen lebendigen Lech eingesetzt haben und noch einsetzen.

Ein großer Dank gebührt den Fördermittelgebern, ohne die dieses aufwendige Buchprojekt nicht umsetzbar gewesen wäre.